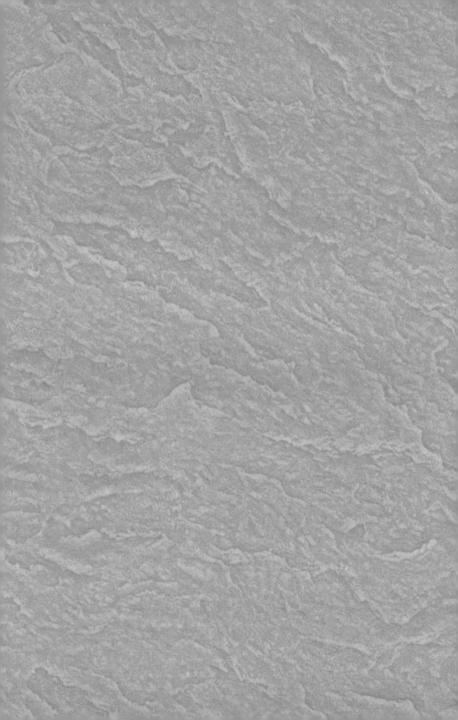

TALES OF THE EX-APES

元サルの物語

HOW WE THINK ABOUT HUMAN EVOLUTION

ジョナサン・マークス
JONATHAN MARKS
長野 敬+長野 郁 訳

青土社

元サルの物語　目次

元サルの物語　科学は人類の進化をいかに考えてきたのか

序章

この本は、古人類学についての本ではない。ホモ・エレクトスの眼窩上隆起*や、アウストラロピテクス・セディバの足**を分析するわけではない。そのような古人類に関する情報をいかに理解するのか、その理解の仕方、考え方を問題にしている。さらに言えばこの本は、ふつうは議論にのぼらない点を〔テーマの〕根幹としている。人間は一般的に、自分たちが何者で、そしてどこから来たのかに興味を持っている。サメ、ゾウ、コウモリ、チンパンジー、そして他の種は自分の由来に興味など持たない。もし彼らが興味を持つとしても、それは我々にとっては到達不可能で測りがたい仕方においてのみであって、

＊古人類や類人猿で、眼窩の上に庇のように連続して張り出している特徴的な骨構造。現生人類では分離して左右それぞれの眉上弓となっている。

＊＊アウストラロピテクス・セディバは二〇〇八年に南アフリカで発掘され、約二〇〇万年前のものとされながら、現生人類につながるものとも位置づけられている。現生人類は、すでに絶滅したいくつもの古代人類とともにホモ属という一つのグループを形成している。このホモ属は今から三〇〇万年前から二〇〇万年前の間に、東アフリカで誕生したというのが定説だ。ところが「セディバ猿人」の化石人類は二〇〇万年近く前のものと特定され、アウストラロピテクス属とホモ属の形質を併せ持っている。たとえば腕は、樹上生活をしていた類人猿と同様に長いが、手の指は道具の製作や使用に適した短くてまっすぐなものだ。ホモ属は東アフリカではなく、南アフリカで誕生したのかもしれない。

この点はずっと変わることはないだろう。

この事実はただちに、人間が例外的なものだという明確な事例となる。我々は自分自身を社会的そして歴史的世界において位置づけようと企てるが、そうやって自分の存在を理解しようとする点において他の種と異なっている。我々は意味を作り出す生物である——それは我々の最も顕著な器官、脳の機能の一つである。我々はそういった意味を、多くの異なったやり方で、文化的に創出する。自分たちが何者であるか、どこから来たのかを意味づけようとする研究は、血族関係〔類縁関係 kinship〕*〔の研究〕である。それは人類学における最も古い調査プログラムである。そしてそれは、人類学における最も古い組織立てられた観察にもとづき、異なった文化は自分たちが誰であり誰の子孫なのかについての理解を作り、そうした意味づけのシステムがそれなりに機能を果たしていると断定している。我々自身のこういう関係性についての考えは、いつもある程度流動的なもので、特に経済、政治、そしてテクノロジーに対応している。

我々自身の祖先というものは我々にとって重要である。それについて語る権威づけられた声はもちろん科学の声である。科学はそれ自体が文化的なものであり、事実を生成する思考様式である。しかしそれが我々の祖先についての事実を生成する時には、そうした事実は重く価値づけられている。それゆえこうした人間に関する科学的事実は、他の部類の科学的事実と違いがある。**こうした人間に関する事実が、たとえばゴキブリの事実とどのように違いがあるのか理解することは、人類進化の物語を批判的に読むための第一歩となる。最も簡明な答えは、〔両者の違いにおいて〕曖昧な所はほとんど無いということであり、ゴキブリの事実に関心があるという人はほとんどいないということである（もちろん都会のアパートの住人や殺虫剤メーカーは、ゴキブリの事実に強い関心があるかもしれないが、こうした関心はごく特殊で、また限定的なものである)。人間に関する事実は自然の事実であることに加えて、政治的またイデオロギー的である。歴史はこのことを明らかに示している。これは、人間に関する科学的事実が非現実で虚偽だということを意味しているわけではない——ただ、考慮に入れるべき変数がいっそう多く存在するので、そうした事実を異なるやり方で精査する必要があるという意味にほかならない。

これは進化における進歩理論とか、生物学での目的論***については、この限りではない。こうした見方は我々の種を進化の到達点として見るもので、これは人間の起源についての科学的な考えと神学的な考えを和解させる上で、伝統的にひろく普及してきたやり方だった。こうした目的論的な理論には、直線的な階層として自然を捉える見方がしばしば伴っていた。存在の大いなる連鎖——ラテン語で〈自然の階梯 scala naturae〉と唱えると何やら学問的に聞こえ、フランス語で〈存在の梯子 échelle des êtres〉と言えば挑発的に聞こえるのだが、私個人としては、我々が何にせよ食物連鎖以外のものの頂点にある

* 遺伝を担う継承の単位が混ざり合う「液体(血)」ではなく、混ざり合うことのない「粒子的」な単位であるという創見は、メンデルを突破口として、遺伝子としてのDNAに結実する。この切り替えを明確にするには、kinship の訳として「血縁」の語を避けるのが最上である。ただ、本書よりも守備範囲の広い進化全体から見たとき、無脊椎動物と脊椎動物の「類縁性」などの用語や視点は存在するので、それと本書の主題に関わる伯父と姪の「類縁関係」などの区別には、慣用の「血縁関係」「混血」「血統」などの語も欠かせない。

** 人間に関する科学的事実は必ず「文化的に価値づけられている」というのが、著者の基本的な立場である。第7章で、NASAの「宇宙航空エンジニアのオタクたち」が考案し、パイオニア10号に搭載して宇宙に向けて送り出したみっともない裸体のホモ・サピエンス像が、どれほど「文化」満載の図像だったかを効果的に明快に揶揄している。人間の事実は自然の事実であることに加えて、必ず「政治的、またイデオロギー的」である。

*** 生物学での目的論は、人間の起源についての科学と神学の衝突を回避する便法だったが、課題に正しく対応してこなかった当時の科学(ことにヘッケルの進化論)にも問題があったことも本書では指摘される。ただしそう指摘することは創造論を弁護することではない。

とは思わないし、どのようにそのような視点が確立され得るのかを見るには、システムそのものの外側に立たなければならないが、それは無理な話である。私が最近読んだそうした〔システムの外側に立っている〕証拠の一つは、読者に「他の生物によって語られる生命の歴史は異なった重要性を持つかもしれない。科学者になったキリンは疑いなく、より大きな脳や道具を作る技能よりも、首の延長という意味での進化的な進歩について書くだろう。人類の優越とはそんなものである」と説明していた。しかし人間の「優越性」に対抗するこの議論の正当性は、明らかに科学的な思考を生産するための大きな脳もそれらを書き記すための手も持っていない超知性的なキリンという詭弁を弄する結果となる。言い換えれば、人類を権威ある地位から押しのけようとする議論はちょうど正反対の点を確立する結果となる——なぜなら人間をその地位から降格させるために、人間的キリンというものを発明しなければならないのだから。

我々とは何者であるのか、どこから来たのかという把握は、まず我々が自然の進化過程の産物であり、しかしまた自分が理解しようとしている当のものから分離していないことを、正しく評価することから始まる。その結果として計画は科学的に再帰的なものにならざるを得ない。* これが、この本の中心点である。我々の祖先は類人猿であり、我々は彼らと異なっている。そして我々はどのようにしてそうなってきたのかを知りたいと思っている。我々は自分自身を理解しようと試みている生物文化的な脱＝類人猿 bio-cultural ex-apes** なのだ。

それゆえこの本は、二つの裏腹のテーマについてのものだ。人類学を科学的に考える仕方と、人類の起源の科学を人類学的に考える仕方である。それゆえこれは、人類の起源について語る一つのプレゼンテーションになっていて、まず近代生物学と近代人類学の両方を含む進化人類学をしっかり語る科学研究の最近の仕事から始まる。そして進化心理学とか創造主義ではなく、科学的に基準的なものとなっている。私の主題は、生物学的人類学（人類の起源と多様性についての研究）を生物学（生命の研究）から区別しているものは再帰性だというところにある。つまり、近代科学を特徴づけている主観性と客観性の区別立てをうち破ることである。我々は単にホウ素や木星に対するのと同じ関係を以て、祖先とか隣人に対しては接することができないのだ。人類の起源と多様性についての科学的な物語は、まさしく科学――特に自然主義、合理主義、経験主義――の「知（エピステーメ）の諸特質」を具えた物語であり、同時にまた、特に我々が何者であるのか、どこから来たのかを語っているために、普遍的、文化的に重要な類縁関係と祖先の物語となっている。

　進化におけるつながりの遺伝学的な意味と系統を、私は『98％チンパンジーであることは何を意味するか』***（カリフォルニア大学出版会、二〇〇二年）において探ってみた。私は次のプロジェクトでは、さらに幅広く科学研究を組み入れることになった。C・P・スノーは有名な断言として、科学は人類学者が文化を理解するようにして理解できるのだと言っているので、我々の科学への理解が人類学的な理論と分析の導入によって改良できると言うことは道理にかなっている。科学の歴史と社会学における近年の動向は、分野は様々に違うけれども科学の研究が一般に認め得るような人類学的要素を持つ程度には、人類学の知と方法を組み入れる運びとなってきた。『私はなぜ科学者でないのか』（カリフォルニア大学

* 自然の過程で生成されてきた（類人猿から脱出した）人間が、その過程や結果を考察あるいは評価するのだから、必然的に「科学的に再帰的 scientifically reflexive」にならざるを得ない。
** 原文に頻出する bio-cultural の基準的な訳語は「生＝文化的」とした。
*** 邦訳は『98％チンパンジー――分子人類学から見た現代遺伝学』（長野敬訳、青土社、二〇〇四年）。

出版会、二〇一一年）においては、生物学的人類学の科学的両義性への特段の関心を呼び覚ますことで、科学の性質を探ってみようとした。本書では、我々の起源の研究に特に焦点を当てており、それを文化的また科学的な物語として位置づけている。その物語が生み出す事実の性質を理解するための示唆を織り交ぜながら。

この本は主に二〇一三年から二〇一四年にかけて、ノートルダム高等研究所（NDIAS）での私のテンプルトン・フェロー就任の期間に書かれた。その支援に私は大いに感謝している。NDIASスタッフ――Brad Gregory、Don Stelluto、Grant Osborn、Carolyn Sherman、Nick Ochoa、Eric Bugyis――は、執筆するための刺激的で最適の環境を作り出してくれたし、もちろんジョン・テンプルトン財団がそれを可能にした。私は二〇一三年から二〇一四年のNDIASの他の同僚に感謝している。彼らは私にアイデアの使用を許してくれたし、私にたいへん助けになるフィードバックを与えてくれた。Douglas Hedley、Robert Audi、Justin Biddle、Brandon Gallaher、Carl Gillett、Cleo Kearns、Scott Kenworthy、Daniel Malachuk、Gladden Pappen、Scott Shackelford、James VanderKam、Peggy Garvey、Ethan Guagliardo、そしてBharat Ranganathanである。私は特に四回のNDIASのセミナーの外部からの訪問者のインプットに対して恩を受けている。Agustín Fuentes、Susan Guise Sheridan、Jim McKenna、Jada Benn Torres、Donna Glowacki、Neil Arner、Matt Ravosa、Phil Sloan、Melinda Gormley、Grant Ramsey、そしてCandida R. Mossである。私の学部学生の助手、Iona HughanとSean Gaudioもまたこの本の準備に測り難い助けを提供してくれた。

私のテンプルトンのシンポジウム「人類の進化の不可視の側面」の参加者に特別な感謝を述べたい。彼らはここで示したアイデアのいくつかを洗練することを助けてくれた。Russ Tuttle、Rachel Caspari、

Jill Preutz、Deb Olszewski、Anna Roosevelt、Margaret Wiener、Jason Antrosio、Susan Blum、Ian Kuijt、Chris Ball、Agustín Fuentes、Susan Guise Sheridan、Neil Arner、そしてRahul Okaである。

私はまたJoel BadenとNeil Arnerがこの原稿の一部についてコメントしてくれたことに感謝している。Karen Strierに励ましの一〇年に対する感謝を。全文に対するコメントに対して、大いに感謝の恩義を負っている何人かの人々にはさらに他の言及を与えたい。Susan Guise Sheridan、およびCandida R. Moss、Iona HughanとSean Gaudioである。私はまたMichael Park、Libby Cowgill、そしてAshley Heavilonにも、たいへん助けになるコメントを与えてくれたことに感謝している。そして最後にとりわけPeta Katzに、全ての激務をこなす間の彼女の助けと支援と愛に感謝する。

第1章

科学

はじめに

私とは何か？　どこから来ているのか？　何に適合しているのか？　こうした問いは人類が軒なみに問う質問であり、ホモ・エレクトスがそうしたことを同じように問うていたと知っても、私としては驚くにあたらない(1)。

これらの問いへの答えは、もともと基本的に人間の場合についての類縁（血縁）関係kinshipから来ている。もちろんすべての生物には、生物学的な意味での狭義の類縁関係がある。雄親（父）、雌親（母）、母系のいとこ、などという具合だ。霊長類は自分の母親や、またしばしば母親の年長の子（兄・姉）や、そして母親の女きょうだい（伯母・叔母）さえも「知って」いる。しかしこれは「類縁関係」という語の狭い意味である。霊長類学での「類縁関係」と違って、人間での「類縁関係」は父系の関係、住まいのパターン、期待と義務の相補的なセット、結婚の法律的な状態、社会的な空間の中で親類と「非親類」へと任意に分割されるやり方（もちろん実際に全員が関係している場合のことだが）、そして個人の生死が系譜の「身体を超えた」性質のものであることなども含んでいて、関係は個人の誕生と死の限界を超えたその先まで広がっている。異なった人々が、文化的な、また生物学的な情報の意味を、ものごとの秩序の中に組み込まれた一貫した枠組みとして設けているという事実は、人類学の最も早い発見の一つであり、またもっとも古くからの研究プログラム、「類縁関係」というものでもあった。類縁関係は、誰もが他の誰もと、また他のすべてのものとの関係をつくる知的で社会的な規則からなっている。簡単に言えば、類縁関係とは整理づけのためのものだ。それは人びとがどう生まれ、社会化し、シンボルを操る存在となるかを定義する。(2)

けれどもどの類縁関係のシステムも、完全に自然なものではない。つまりどれも、遺伝学者が確立したようなやり方で決まるものではない。我々が馴染んでいるアメリカのシステムでは、母親により一緒に育てられた男の子はブラザー brother と呼ばれるが、たまたま父親の姉妹と結婚している奴（ボーゾ bozo）にも同じ呼び方をする〔bozo は男へのぞんざいな言い方〕。一人の「アンクル uncle」は「血のつながり」のある叔父だけれども、他の「アンクル」は法制上のものにすぎない。あなたに八人の曾祖父母がいるとすると、そのうち一人だけがあなたと共通のミトコンドリアを持ち、したがってあなたの「母系」――現代のｍｔＤＮＡ祖先判定の業者はそういう言い方をする――つまりあなたの母親の母親の母親を代表している。けれども現代のアメリカ合衆国では、これら八名の曾祖父母がいるうちの一人を、遺伝学者だけが、あなたと特別の関係にあると認めている。

何十年か前に最初期の人類学者は、異なる人類集団が人々の類縁についてさまざまに違う考えを持っていることに驚いた。一人の子は母親の家族または父親の家族、あるいは両方に属することもある。父親の役割の一部は叔父によって受け持たれることがあり、一人の子が数名の父親を持つこともあり、また兄弟姉妹といとこの間に区別がないこともある。また、あるいといとこと他のいとこの間、また家族のどちらか一方の側に決定的な違いがある場合もある。

類縁関係がどれほど難解あるいは異様に見えるとしても、それでもなおこの関係は、人がそこで生き残り、対処し、協力し、繁殖するに足りるだけの知的枠組みをうまく作りあげてきた。おまけにこのシステムは、あなたが何者であるかを告げる。誰それの娘、誰かの父親、なにがしの家系の子孫、おまけに他の某々の家系とどんな仕方で関係があるかなどを。これが実生活上のジレンマに答えてくれる。こうしたシステムは、なぜいまも生き続けているのだろうか？ そうしたネットワークから来る責任と期待がそこにはあり、あなたは生涯の間ずっとそれを維持してゆく。あなたは過去の一部分、また未来の一部分に属し、そしてあなたを取り巻いているものの一部分に属している。これが、あなたが何者であり、どこから来たのかということであり、いま存在を続けていること――祖先たち、後続する者たち、そして血縁者たちも――の理由である。

こんなふうに言うだけでは、人がサルあるいは類人猿から由来したと信ずる文化が何がしか存在することにはならないが、そのようなものもともかく一種類は――ダーウィニズム以後の科学的な文化を、単一の歴史的、分析的な単位と見做すとすれば――存在する。我々は明らかに、他の生物種と関係を持っている。

ただし当然のことながら、我々と他の種の関係をどう見るかという概念の立て方には、系統図的なものを別としても多くのやり方がある。トランシルヴァニアでは人々は、しょっちゅうコウモリやオオカミと入れ替わったりする。(3) しかしこれはダーウィニズムではない。シカゴでは人びとは熊や雄牛と特別な関係を持っているが、* しかしこれはダーウィニズムではないし、セントルイスも同様に雄羊（ラム）およびショウジョウコウカンチョウ〔猩々紅冠鳥、スズメ科の小鳥〕と特別の関係にあるけれども、** これらもダーウィニズムではない。ダーウィニズムは、動物との関係について先祖から子孫へという特定の関係——直線で結ばれる祖先からの由来——を想定している。

しかしそんなふうに祖先からの子孫として血縁関係を見る見方は、たいへん意味に富んでいる。たいていの言語では文化が違うと言語も違って、言葉がうまく通じない。しかしもし誰か相手をひどく罵りたければ、この相手を「私生児」と呼ぶことで、たいていは目的が達せられる。つまりこれは相手の出自に対して直接に攻撃を仕掛けることであり、相手の不法性、社会の中でふさわしい居場所を持たないことを意味することになるのだ。

自分の出自というものは重要であり、もっとも神聖な制度の基盤である。特に世襲的な貴族政治にとって。なぜファラオは王座にあり、あなたは王座にないのか？　それは彼がより良い祖先を持っているからである。あなたがどれほど自分の祖先を特別と考えているとしても、この祖先はイシスとオシリスほど良くはないだろう。***そしてそれこそ、あなたがファラオではない理由である。

要点は系統が重要であること、ある人々は他の人々より良い祖先を持っているということで、祖先に関わる問題が政治的にも重要であることだ。つまり自分の祖先がファラオの祖先と同じぐらい立派な祖先だと論じて、相手がいま占めている地位の向こうを張ろうとすれば、これは相手の宗教的な権威に背くことになるだけではなく、政治的革命を言い立てることになるだろう。なぜあなたは小作人なのか？

* 株や先物取引で強気の予想を立てるのを「ブル（雄牛）」と称し、弱気筋の態度を「ベア（熊）」と言うことに掛けた洒落。

** これも同様に、セントルイス市がフットボール（NFL）ではセントルイス・ラムズ、野球ではナショナルリーグ中地区のセントルイス・カージナルズを本拠地としていることにちなむ。

*** 古代エジプトの神話的伝承では、太陽神ラーのあとを継承した最初の地上的な王（ファラオ）の地位が確立されたのは、女神イシスと男神オシリスの子であるホルスによるとされる。

あなたの祖先が小作人だったから。なぜあなたは奴隷なのか？　それは祖先が奴隷だったからだ。

出自は政治的だ。宗教も同様である。一七七六年にトマス・ペインは、民主主義の肩を持ち君主制に対抗する論陣の展開を目指して著作『コモン・センス』を刊行する。けれども数千年にわたって、君主制は宇宙の精霊的な諸力による祝福を受けてきた。中国からペルーまで、帝国の主導者はまた、宗教的な主導者でもあった。紀元（西暦）八〇〇年には、シャルルマーニュの帝国〔フランク王国（西ローマ帝国）〕は、もう一つのローマの帝国〔東ローマ帝国〕と同格ではなく、神聖ローマ帝国として祝福され、そして一八世紀の遅くには、王たちは「神授権」によって統治するのだと主張していた。こうしたことから、『コモン・センス』で君主制を攻撃したトム・ペインはその二〇年後（一八〇一年）には、こうした君主制の正当さを主張している宗教を、『理性の時代』で攻撃した。それによれば、もしある相手が、神は君主制を好むのだとあなたに告げ、ところがあなたはそのようには思わないのであれば、あなたはこの相手が持ちあわせている神の知識を批判するか、あるいはあなた自身は神のように考えていないことを相手に分からせるか、どちらかの対応を取るしかないだろう。

数十年先、一八五三年まで話を進めると、その頃ヨーロッパは政治的な動乱の只中にある。君主制の政治は次第に民主的なものに道を譲り、上げ潮のブルジョワジーが、古来の貴族制度に対抗するようになっていた。身分の定かでないアルテュール・ド・ゴビノーという貴族――モンテ・クリストとかドラキュラのように伯爵と自称していた――が、伝統的な貴族制度の防護論を書いている(4)。なぜ貴族の身分は必要なのか？　ゴビノーが答えるには、それは文明の維持のために必要なのだ。こうしてゴビノーは、出自（血統）を文明と一体化した。つまり人は文明的な血筋の出であるゆえに文明化されており、文明的でない血筋の出身であれば文明化されていないのだ。支配階級はしばしば怠惰、放縦、無気力な愚か者に見えることも多いのだが、じつは彼らこそ、全世界の十個の文化すべて（これらはゴビノーが品定めしたもの）を担っているのであり、しかも好都合なことに、身体的には明らかに「アーリア人」なのである。全世界にわたって「アーリア人」が見られるという課題に直面して、アーリアの血が文明を担っているのであり、このアーリアの血液が他の地域のものと混ざるにつれて劣化するという説明を課題として担っていると、ゴビノーは想像するようになった。

文明はこうして遺伝子の中（近代的な語彙で言えば）にある。そしてゴビノーが、明らかに敬意を持って扱われない通称ではあるが、科学的レイシズム（人種差別観）の父として広く知られているのはこの理由による。重要なことは、ゴビノーの議論を、社会的安定性を求める叫びとして認識することにある。それはむしろ過去よりも未来に関わる問題である。世界はこれらのゴビノーたちなしには、機能できないだろうということだ。彼らは文明にとって必要であり、そして彼らに取って代わる、あるいは彼らの特別な地位を脅かすことは（その地位はもちろん、彼らが文明を到来させる者として得たものであるが）、文明自体を危うくしかねない(5)。

同時代の社会哲学者は明白な代案をほとんど申し出なかった。実際、「文明」の語は高々一世紀にわたって用いられてきたに過ぎない。そして一般に、しばしば伝道活動を通じて普遍的に達成可能な、近い近代性と関係ありとされてきた。文明は文明開化された状態あるいはされることの活動であり、あざとか血液型のような生物的な特性ではないのだ。

ゴビノーの思想は、どうやら主流の社会哲学者の間では広くは注目されなかったようだ。最初はアラバマのジョサイア・ノット*のようなアメリカの奴隷制支持の多人種主義者によって推進されたが（彼は白人と黒人は互いに別々に神によって創造され、そしてそれゆえ別の肉体を持ち、共通の系統を全く共有していないと信じていた)、次いで、文明を遺伝に組み込んでしまう(創造説ふうの)議論が数十年後に、(進化論的な)保守主義者で優生学論者であるマディソン・グラント**によって再度組み立てなおされた。

血統と、イデオロギー――政治的であれ、宗教的であれ、どのイデオロギーもすべて――は、我々が「文化」と呼ぶ歴史的、社会的、また個体を超えた毒気の一部に取り込まれている。それらは常に存在してきた。勘違いしている誤りは、今日では我々は文化のある局面を、他の局面に影響を与えることなく追い払うことができると考えていることだ。

科学と遺伝学

しかしながら科学は、真理を発見する客観的な手段として、文化の外側に立っている、というけれども――

ふざけた言いぐさだ。

もちろん科学は、文化の外側になど立っていない。それは彼ら自身が文化的演者である人たちによって実行される。それは言語と行為のためのコードを持っている。それは政治的、経済的、イデオロギー的、そして個人的利害の摩擦に満ちている。ただしそれは文化的権威とともに放射されるので、そのことが、科学あるいは科学的と呼ばれる事柄にまるで無縁であるすべての種類の人々や考えも、しばしば何はともあれ科学だと主張される理由である。

C・P・スノーは何十年か前に、科学を一つの「文化」であるとする有名な見方を唱えたが、もしその見方を取るならば、科学者というのはそこで科学的活動をやっている土着の人たちであって、彼らが何を行っているかを理解するには人類学が必要である。つまり「科学の人類学」(6)である。

科学的知識が生産される仕方の研究は、今日の人類学の最も重要で挑戦的な努力の一つである。どうやって科学は進歩することができ、そして従事者たちのさまざまに違う興味にも拘らず、中立性と客観性に値すると成功裡にアピールすることができるのだろうか？　たしかに生物医薬の分野では、利害の財政面での対立が大きかったりするので、研究当事者同士が審査（レヴュー）している文献(7)などにおいても、どの主張が信じられるか知ることが難しいし、兵器の研究は国家的な政治的利害によって駆動されており、その多くは機密事項に分類されていたりする。どちらにしてもそうしたものを科学のモデルと見ることができるだろうか。

しかしながら特に遺伝の科学的な研究は、もっとも微妙で気の抜けない利害のからみ合いを持っている。この研究が、象徴的な人間の資本の最も貴重なものである出自（由来）の問題について科学的権威の声に主張を提供するからである。もし一九〇〇年のメンデル遺伝学の発見をこの分野の成熟と受け取るならば、一九〇五年にレジナルド・C・パネットが刊行したごく初期のメンデリズムの教科書、『メンデリズム』を眺めてみよう。とても奇妙な結びの言葉がそこにあることに気づくだろう。その本の最後の一文は以下の通りである。

* Josiah Clark Nott（一八〇四–七三）はアメリカの医師。George Morton（一七九九–一八五一）の影響を受けて、人種差別というよりは、白人・黒人の個別創造を主張。なおアラバマ州は南北戦争における南軍の中心で、停戦後に奴隷制度は合衆国の法律により廃止させられた。

** Madison Grant（一八六五–一九三七）はアメリカの法律家。科学的人種差別の代表的論者として、特に著作『偉大な人種の消滅』（一九一六年）の'nordic'民族説は、ナチの理論家ローゼンバーグの「アーリア」民族の優越観とも相互に影響した。

永続的な進歩は教育学よりも生殖についての問題である。我々の遺伝の知識が明らかになり、迷信の霧が晴れてゆくにつれて、生物は生まれたのであって作られたのではないということの確信が、力を増して永続的に容赦なく作用し続ける。(8)

これは事実について述べているものでなく、信念について語っている。遺伝学の研究は、生物が生まれたのであって作られたのではないとは告げたりしない。遺伝学の研究は、生物が「どのようにして」作られるかを語る。つまり遺伝学は、生物学的特徴の伝わり方を研究するものである。しかし、明らかに遺伝学者がなすべき高度に自己関心的な陳述、つまり生物学的特徴というものが最も重要だというようなことは告げていない。

「生物は生まれたのであって、作られたのではない」という考えは、およそ遺伝学の領域が扱うようなものではない。こうした考えは人間の状態に関する高度にイデオロギー的な仮定であって、腹蔵なく言うなら、もし遺伝学がそれを取り上げるというようなことであれば、それは創造主義のような信念にもとづいた主導であって、おそらく学校で教えられるべきものではあるまい。遺伝学は生物学的な特徴が世代間で授受される仕方の研究ということなので、生態学とか解剖学あるいはその他の自然科学分野の学問以上に重要というものでもなく、その主題となる事柄は、真に人生の指針となるものではない。

ここで問題となっている政治的事柄を理解するには、大きな規模での社会的不平等の起源に立ち戻る必要がある。この問題は過去一万年かそこらにわたって引き起こされてきたもので、人間が定住し、財産を獲得し始めるにつれて、定住の前の財産獲得はあまり意味をなさなくなった。移動のつど財産をまとめ上げて運ぶのはまさに馬鹿げた事になったからである。定住することで財産が生まれ、財産によって富が生まれ、富によって不平等が生まれた。そこで、先ほどの質問に引き戻される。なぜあなたはファラオではないのか？　あるいはもっとひろく言うと、なぜ富には大きな非対称があるのか？　なぜ持つ者と持たない者がいるのか、なぜ不平等があるのか？

これに対しては、二つの広い枠組みからの答えがある。第一の答えは、不平等という事実は歴史的な不正義として説明され得るというものだ。このことの意味は、人間が作用のもと——貪欲とか邪悪という種類の——になっているということだ。そうであればこの筋書きでは、我々は自分たちが現に見聞きし、経験する富と力の非対称を改良するべき社会的正義のために尽力する。

第二の答えでは、たしかに不平等はあるのだが、しかしこれは不正義の表れでなく、むしろその底に横たわっている生来の性質の非対称性が表れたものということになってくる。これはアルテュール・ド・ゴビノーの答えの近代版といえるものだ。人は誰でも、自分がそれに値するだけのものを持っている。もしあなたが多くを持っていなかったならば、そう、それは残念でしたねということであり、あなたはそれに値しないのだ。さきほどと対照的にこの筋書きでは、我々は自分が目撃している社会的不平等の説明として、そこに仮定されている生来の不平等が現に存在することを、まず明示しようとする。そして見えない性質の事実が存在することを、科学的に明示して見せることよりも良い道は他にあるだろうか。

科学はこの第二の答えの場合に、第一の答えよりもずっと重要である。正義のために働くことを目指す局面では、第二の答えは、社会的格差を合理化するそうした見えない自然の格差を認識し、その場所の突き止めを正当化するように、科学に対してほとんど懇請している。そして科学の方としては、そのことをあえて試みようとしないことは、不作法――それどころか、あからさまに無礼であろう。

ここで重要なことは、公正な社会を建設するという思想にとって、自然科学が必ずしも重要ではないことだ。人種隔離主義者が一九六二年に、黒人種は二〇万年白人種よりも進化が遅れているから[9]、黒人の児童と白人の児童は同じ学校に入っているべきではないと論じた時に、関係する科学はあまり役に立たなかったばかりではなく、問題にされなかった[10]。全ての市民には、「その生物学的あるいは生来の能力とは関係なく[11]」同等の権利が与えられているというわけだ（ただし生物学に訴えて生来の能力の正しい測定結果を得ることも、明らかに良いことではあっただろうけれども）。皮肉なことに何十年か後に、動物の権利の活動家は誤った考えを逆立ちさせて、チンパンジーは「とても賢いので」人権を保障されるべきだと論じた――権利は当然、生まれつきの知的能力の仮定上の測定にもとづいて割り当てられるべきであるというかのように[12]。

社会的不平等の起源を説明する科学の役割におけるこの非対称性――歴史、あるいは生物学――が、我々が、全く異なった人々の間の同じ一般的な知性、あるいは生まれつきの能力を「証明する」肯定的な主張を滅多に聞かないわけである。この側面は全ての世代が最終的には社会的不平等を自然科学的に「説明されて」きたという主張に対して反動的でありがちだ。ある世代においては、それは頭のサイズである。他の世代では、形、あるいは標準化テストの平均値である。あるいは異なった遺伝子プールにおける「精神薄弱遺伝子座」の、あるいはマイクロセファリン遺伝子座のパーセンテージである。ノーベル賞受賞者のジェームズ・ワトソンは二〇〇七年におそらくそれを最も端的に言った。サンデータイムズ（ロンドン）が報じたように、彼は、自分は「アフリカの見通しについて本質的に悲観的だ」と言っている。なぜなら「全ての我々の社会的正義は、彼らの知性が我々と同じだという事実を基盤としているからだ――全てのテストが真実ではないと言っているのに」。そして、私はこの「火中の栗」が言及されるのが困難になりつつあることを知っている。彼の望みは万人が平等であることだ。しかし彼は「これが真実ではないと発見する黒人労働者に対処しなければならない人々」があるといって反対する。彼は、肌の色の基盤の上で隔離すべきではないと言う。なぜなら「多くのたいへん有能な有色の人々がいるからだ。しかし彼らを彼らがより低いレベルで成功していない時に昇進させてはいけない」。彼は「進化において地理的に分離されていた人々の知的水準が同じように進化してきたと判明することが予期される確固とした理由はない。何らかの人類的な遺伝として同じ知的能力が付与されているという期待は、充《み》たされるとは限らないだろう」と書いている。(13)

明らかな矛盾は、話者は分子遺伝学者であるが、分子遺伝学について話しているのではないということである。彼はただ、なぜ彼がアフリカ人の知性が「我々のもの」と同じでないと思うのかについて話している。それゆえ、イギリス人が素早く正しく評したように、ノーベル賞分子遺伝学者の人種差別主義的考えは配管工やタクシー運転手の人種差別主義的考えよりも少しも頭がよくない。彼は一週間にわたり新聞の一面に取り上げられ、ますますきびしい状況となり、スピーチの予約は取り消され、そして国から追い出された。社会的正義を追求する近代社会は外国の科学者の偏見によって煩わされ得ないのだ。

全ての考え深い人々は、大きな人間集団の一般的な知性は大雑把に言って同じように進化してきたと考えられるあらゆる種類の理由を列挙することができる。第一に、人類の進化は主に適応可能性の進化であって、適応の進化ではなかった。それはつまり、我々は知的に柔軟になるよう進化し、固定的ではなかった。ホッキョクグマは毛皮を「進化させた」。人類はホッキョクグマを撃つための銃と彼らを皮剥ぎするナイフを「進化させ」、彼らの毛皮を、我々自身を暖かく保つのに使った。そして我々が知る限り、ほとんどいかなる人間もそうした技能を学習することができる。第二に、そうした人類の進化の理解に一致して、移民の研究は人々がいかなる異なった生活様式も一世代か二世代の間に全面的に採用できることを明らかにしている。名前は変わる、アクセントは消える、そして経済的進歩は誰もがより異人っぽくなく、怖くなく見えるようにするように思われる。第三に、我々は我々の問題を主に近年テクノロジー的に解決し、そしてかなり長期間そうしてきたが、そのテクノロジー的変化は知的能力の機能の変化ではなく、社会的過程の変化である。食料の生産は種子が植物を生じるという発見で始まったわけではない。それは近代の狩猟採取者によって知られているが、その知識をシステマティックな方法で用いることを決定することによって始まったのである。それは発明についてではなく、採用についてである。そしてそれは天才の疑問ではなく、社会的行動の疑問である。第四に、あなたが人々の生まれつきの知的能力を彼らの生きてきた経験と独立に測定できると考えるためには、いかに素朴でなくてはならないだろうか？　おそらくは歴史と独立の「生まれつきの知的能力」が何を意味するのかさえ概念化することすら十分に難しい。あなたは、もし彼らの人生が単純に入れ替わったら、アインシュタインが微分積分を発明し、ニュートンが相対性理論を発明したとはまったく思わない。そうでしょう？　この点についてはさらに、単純に近代のアフリカについては、それは外的に奴隷制と植民地主義の歴史によって理解され、何らかの形の生の、有機的な頭脳の力を頼りに理解されたという事実はない[14]。そして第五に、過去半世紀に達成されてきた社会的上昇の動きは半世紀早くには考えられなかった。適切な科学的結論は、我々はそれが継続することを期待できるというものであるべきで、いま不可視の遺伝的力の場に出会ったというものではない。

私はジェームズ・ワトソンの英国ツアーの時にエジンバラに居た。そしてワトソンが啓蒙レクチャーを与えるのを聞くためのチケットを持っていた（ワトソンの招待は撤回された）。そしてそれは私に科学におけるもう一つの非対称性について考えさせた。ワトソンは人種差別主義の科学者として見出しを作られていた――それは明示者としてであり、必ずしも、いまや拒絶された社会的そして政治的イデオロギーの実際の信奉者としてではない。さらに彼はそれらの信念のために科学から追い出されたわけではない。彼は単にイギリスから追い出されたに過ぎない。科学には人種差別主義者のための場所がある。[15]

ワトソンが創造説論者だったと仮定しよう。それならば、彼はいまや拒絶された社会的そして政治的イデオロギーのセットを明示したかどで、イギリスには留まったが、科学からは追い出されたであろう。創造説はイデオロギーである。結局、それはあなたに、あなたがどこから来てどうやって調和するかについて告げることに関して方向づける。そしてそれは高度に政治的である。その主唱者は過去一世紀にわたって、その経験的で論理的なより強力な代案に対して優位を与えるために繰り返し裁判のシステムを使うことを試みてきた。そしてもしあなたが創造説論者ならば――それは人類種が超自然的な起源を持ち、そして全ての他の生命と系統的に分離していると信じる誰かという意味である――あなたには科学において未来はない。

それゆえ、あるイデオロギー――人種差別主義であること――は、他の科学者にとって少し困惑のたねになるが、しかしその人は彼らの間で暮らし働き続けることが許容される。そしてもう一つのイデオロギー——創造説——はあまりに科学と互換性がないので「創造説の科学者」は語義矛盾であり、まともな科学界ではそれは撞着である。

そこで、なぜ「人種差別主義の科学者」もまた撞着ではないのか？　なぜ科学の中で人種差別主義者であることは創造説論者であることよりも受け入れ可能なのか？　人種差別主義者は、特定の、表面的に自然なグループのメンバーであることで、ある人々が、他の表面的に自然なグループのメンバーよりも価値において劣っていると信じている。この見解は創造説がそうであるのと同じくらい反証されている。結局、創造説論者が「誰もかつてある種が他のものに変わるのを見てこなかった」と言う時、彼らは正しい。しかしそれは種が変化しないからではない。むしろ、タイムスケールが一人の人にとって実際にそれを目撃するのを不可能にしている。それゆえ、我々はより間接的な証拠に依存しなくてはならない。それは、にもかかわらず開放心的な懐疑論者にもたいへん必然的である。細菌のように、それは見ることができないが、しかしやはり人を傷つけ得る。

人種的な割当てによって生まれつき異なった心的能力のセットが予期されるかどうかの問題に陪審はいまだ決着をつけて「いない」。我々は——つまり人類学者は——たいへん熱心にたいへん長い間そうした生まれつきの人種的心的特徴を同定するために探索し、そしてついにそれは馬鹿の使い走りだと認識するに至った。この点についてさらに言うなら、人種差別主義者が馬鹿の使い走りである。アフリカの問題は社会的で政治的であって、生物学的ではない。それ以外の考えをする誰もが、宇宙は六〇〇〇年前に存在を止めていたと考える誰もと同じくらい反科学的である。

我々の始まりについての科学的研究は二つの科学的原理の上に基礎づけられている。進化と関係論である。どちらも多くの意味を持つ。そこで正確にさせてほしい。ここでの進化とは「自然的な相違の生成」を意味する。そしてその指示物は星ではなく（「太陽系の進化」におけるように）、人工物でもなく（「飛行機の進化」におけるように）、単体でもない（胚の老体への発達、あるいはダーウィンの時代にはその語が最もひろく使われたが、その「進化」におけるように）[16]。ここではそれは――同一集団内の生物体間の相違に適用されるその過程の一部分、また異なった集団に属する生物体間に適用される一部分も伴って――生物体の複数のグループを意味する。集団は同一種の中の部分のこともあるが、その場合には微視的進化という言い方もする。あるいは異なった種のこともあるが、その場合は巨視的進化について語れる。さらに特定の系統それ自体の運命を調査できる。そうやって種の起源と種の終焉を語れる（それぞれ、種分化と絶滅）。

ここでの関係論の方は、ルールなど無いという否定的な位置取りを意味「しない」。それはつまり、私がどこかで伝統的なエスキモーとヤノマモが彼らの妻を鞭打つと読んだから、私が私の妻を鞭打つことを許されるというようなことである。そうではなく、むしろ反対に近い何かを意味する。各々の社会は、あなたの社会を含めて行為の標準を持つ。そしてあなたがエスキモーやヤノマモの規範と思うことはあなたがなすべきであることと関係がない[17]。のみならず行為のコードは、あなたのコードを含め、歴史的に形成され、そしてそれゆえ超経験的に不変のものとしてではなく、条件づけられ誤りやすいものとして理解可能である。我々はもはや魔女に石を投げつけない。たとえ聖書が、我々がそうすべきだと言ってもだ[18]。

他のコードもまた人類の作用の歴史の結果であり、社会的過程である。それゆえ異なった人間の行為を理解するためには、それらを自分の行為の不完全な近似として理解することはできなくて、ただ異なった歴史の産物としてのみ理解可能である。これが今日響くかもしれないのと同じくらい世俗的に、それは一八世紀に起こった他の知的遷移ときわめてアナロジー的である。あるケースでは――生物学――カール・リンネ（スウェーデンの植物学者／医者）は、種は、それらが人間とどのくらい似ているかへの関係で判定されるべきではなく、互いにどのくらい似ているかによって判定されるべきであると議論した。彼はそうやって伝統的な一次元的な見解の基盤を掘り崩した。そうした見解は種を「存在の大いなる連鎖」あるいは「自然の階梯」として見ていた。[19] 種の場所を他の種への関係のみにおいて、そして我々自身の種への関係においてではなく確立することで、リンネは生物学的分類法を相対化していた。隠喩的なヒエラルキーの一種――階級づけられた直線的なヒエラルキー――は、他のものによって置き換えられた。それは包含のヒエラルキーである。セットの中のさまざまなセットである。リンネの自然のパターンについての影響力は少数の反対のみを以て学問全体に行き渡ったものだった。それはそういうネストしたヒエラルキー――そうしたセットの中のセット――が共通祖先の痕跡として、ダーウィンによって説明される一世紀も前だったというのにだ。

およそ同じ頃、もちろん、それらの全ての人々が（あるいは少なくとも、全ての白人が）法の下で市民として同じ権利を持つべきだという喧伝があった。それはそれらがあるべきではない長く維持されて強く防御された見解の逆をいった。もしかしたら社会的階梯の頂点に座っている王を頂上とする君主制――その君主に対しては全ての臣民は彼らの生まれによる状態によって異なったように判定されるが――は、共和国より悪い状況であるかもしれない。共和国においては、全ての市民は自由、平等、そして兄弟性のようなものを保障される。もう一度言うが、直線的なヒエラルキーは相対的なフレームワークによって置き換えられたのだ。

ヨーロッパの哲学者は一六〇〇年代半ばからどの文明が進歩と退廃を表すかという疑問と格闘してきた。「野蛮人」は、永続する戦争の状態の中に住んでいて、動物に近いのだろうか、あるいは彼らは何らかの形で我々の賞賛に値するだろうか？　結局、ほとんどの自然な人間の社会的関係は主人／従者ではなく、原始人の自由で容易な平等性である。[20]

第一次世界大戦がそうした議論をほとんど終わらせた。最もテクノロジー的に進歩した人々が、彼らが最も野蛮な人々と類似していることを見せたからである。ジャングルでのライオンやコブラからもたらされる死はもはやそう悪いとは見えなかった。前線における毒ガスからの恐ろしい死、あるいは空爆の脅威に比べた時には。[21]　それゆえ、もし文明が進歩すると考えられ得るなら、そして我々が随意的に、その狭い意味で考えた場合だけであるなら――そう、テクノロジーを他の全ての文明の形相から鉤括弧に入れ去って――進歩の概念にどんな良いところがあったのか？　適応ということはあり――気候に対して、政治に対して、そして経済に対して――全てのグループの人々が適応してきた。ただし彼らはそれを新しいテクノロジーと社会環境の刺激のような異なった刺激に応答して、異なったようにやってきた。

それゆえ人々が人類である限り、彼らはいまや全的に文化的な存在として見なされる――我々より多くも少なくも文化的ではない、あるいは誰よりも――ただ「異なったように」文化的なのだ。彼らの文化的な類似性と相違は歴史の産物だ。そして彼らの肉体的、生物学的、頭蓋学的、遺伝学的な類似性のパターンは関係した変数である。しかし文化的形態の起源の分析に対しては不適切である。一八世紀の生物学が全ての動物をホモ・サピエンスに対して測定することの重要性を減じたのとちょうど同じように、二〇世紀の人類学は全ての文化を近代的な都会のアメリカに対して測定することの重要性を減じた。あなたはたしかに物事を比較できるかも知れない。しかし比較は水平になされるだろう、あるいは非＝判定的に。そう、あたかも——ある人がバッファローをサソリと比較するように。互いに羨ましい、あるいは羨ましくない特徴がある。しかし彼らは双方とも彼らがなすべきことにおいては良い。それは生き延び、適応し、バッファローとサソリとして繁殖することだ。

それは人類の文化についても同じだ。しかし一つの重要な違いがある。文化は人間の思考と活動の産物なので、それらの全体的な理解は必然的に経験され、真に対象化され得ないということだ。この、生活様式の水平的、経験的、比較的な理解は、既にアメリカとイギリスの人類学では強固に守られていたが、ルース・ベネディクトの一九三四年の本『文化の型』で「文化的相対主義」として普及した[22]（アルバート・アインシュタインは部分的には質量や時間のように一見不変のものが光速では異なったように経験されることを示したことによって一九二一年のノーベル賞を受けた——そしてもちろん同じ語を用いた。きわめてありそうなことはそのアイデアは独立に一九世紀のドイツの哲学から導出されたということだ。しかし私は早期の人類学者は物理学における発表を利用したと想像している）。

それで、最も重要なことには、異なった人間の生活様式を優れたあるいは劣った個人の知性の産物として見ることはもはや科学的ではない。それは一八三〇年代と一八四〇年代のブリッジウォーター論文の自然哲学に対する相当物であろう。[23] おそらくは博学だが、前近代的だ。我々の種は自然の過程によってより早期の種から分化した——そして奇跡はもはやここでは考えられている説明ではない。そして我々はまた歴史的過程によってより早期の文化的システムから分化した。そして遺伝学はもはやここでは考えられている説明ではない。無論、社会的歴史的事実のために遺伝学的説明を探すことは、奇跡を探すことに似ている。それは時代遅れで、イデオロギー的に基礎づけられており、非科学的で、科学によって支持されないだろう。なお悪いことに、科学を単に社会的不平等維持のためのもう一つのツールにすることによって、それは科学に悪い名を与える（創造説論者、気候変動否定論者、そしてＵＦＯ研究者がすることができない何かである）。科学を単に社会的不平等維持のためのもう一つのツールにすることによって。

科学は解放するものであって、抑圧するものではないと思われている。

二つの主張における科学の役割の非対称性のために、大雑把に言って、人間の社会的不平等を科学的に正当化するいかなる見解もおそらくインチキである。各々のこの点についてのそうした主張はそうであると示されてきた。そしてそれがもちろん、まことに公平な身体人類学の歴史のカプセル化である。

身体人類学

人類の起源と多様性の研究の歴史を見る時、それを抑圧の科学から解放のそれへの変容として見ないことは困難である。その分野は外見と行動の関係した多様性の研究を以て始まった。外国の人々は外国的に振る舞うだけではない。彼らはまた同様に外国的に見えるものだ。彼らのヨーロッパ人の手による奴隷化あるいは破壊あるいは搾取は、たしかに、その血を流す心臓の批判者を持ってきた。そして一つの軸は確実に外国の人々は取り返しがつかずに外国的なのか、あるいはただ我々に似ていてしかしわずかに違うのかという疑問の上にある。[24] 身体人類学は関係した変数を起因性の変数で説明する科学であった。人々は異なって見え異なって行動した。なぜなら彼らは実際に異なっていたからだ。そして身体人類学は自然的なそうした相違の特徴を研究した。

早期にはそれはどこでも政治化されていた。合衆国では身体人類学の「アメリカ学派」は奴隷制の弁解者であり、人種的な特徴の安定性を引き合いに出し、しばしばその基盤の上で人種間の分離した起源に言及した（多源主義）。科学は南北戦争で議題に上り、そしてスミソニアン博物館による世紀の変わり目における アレシュ・ヘリチカの採用までは本当には復興しなかった。(25)

イギリスでは、人類の人種の単一あるいは分離した起源という疑問は関心のある学者を「民族学的」（単源主義者）と「人類学的」（多源主義者）に分割した。それぞれはともに自身の学会と刊行物を持っていた。チャールズ・ダーウィンとトマス・ハクスリーは「民族学的」であって、ハクスリーはロンドン民族学会の最後の会長であった。ハクスリーは民族学会のライバルの吸収を監督した。それはそのライバルの名前を取り、一八七一年に大英帝国及びアイルランド人類学会になった。そして後に、王立人類学会となった。(26)

大陸では、ドイツがオットー・フォン・ビスマルクの下で統一され軍事化されてからというもの、フランスとドイツの間で関係は常に緊張していた。普仏戦争の最中、身体人類学者アルマン・ド・カトルファージュは、頭蓋学的にプロシア人は全く真のヨーロッパ人でさえなく、フィン人に関係した侵入者であることを証明したと主張した。それに呼応して、ドイツ人は「人種」と「国家」はそう強固に結びついていないと主張し、彼らの集団の最初のシステマティックな身体測定学的調査を開始した。それは「人種」、「国家」、そして「型」の概念の縺《もつ》れを解き放ち始めた。(27) それらの最初のドイツの人類学者の知的子孫はアメリカのフランツ・ボアズの学生であり、一方ドイツの人類学それ自体はついには人種、国家、そして型の普及者、同義者にハイジャックされたということは歴史の皮肉である。

それゆえ誰もが科学を政治的帰結のために用い、彼らがそれをしていることを否定した。というのもそれは良くないと思ったからである。そういう行為は常に他の誰かがしていることであった。

コロンビア大学は外国の人々の身体を研究する専門家に価値を見出した。そしてフランツ・ボアズを採用した。彼の主要な調査は学校児童とカナダの土着の人々の測定であった。数年後、スミソニアン博物館はアレシュ・ヘリチカを雇った。そして約十年後、ハーバード大学はアーネスト・フートンという名前の古典学者/考古学者を雇った。ボアズは文化人類学者に転向し、ヘリチカは彼自身を総合する博物館の研究に捧げ、そしてフートンはハーバードで名士の学者になった。そして身体人類学者の次世代を教育した。

フランツ・ボアズとアーネスト・フートンは用心深い、しかし敬意に満ちた関係を持っていた。ボアズの人類学は、自然を文化から解き放ち始め、「人類の精神的単一性[28]」の基礎の上で民族学――人類の文化の科学的、比較的分析――の科学を基礎づけていた最初の世代のベルリンの人類学からの子孫であった。他の言葉で言えば、脳の配線は人類の社会的・文化的相違の基盤を理解するためには見当違いである。それは機能的に一定である。そして一定なものを、変異を説明するために用いることはできない。

他方で、ヘリチカの人類学は、フランスの頭蓋学派から導き出されたものであった。そしてフートンの人類学はオックスフォードの考古学者から導き出された[29]。両方のグループは振る舞いにおける相違を説明するにあたって、むしろ生物学的相違に重きを置いていた。フートンは特に、一九三〇年代に、(良い)アメリカの人種的人類学を(悪い)ドイツの人種的人類学から分離させるために苦闘していた。しかし彼は成功しなかった。というのも両者は生物学的相違と文化的相違の関係の原因となる性質について同じ虚偽の仮定の上に依拠していたからである。一九三六年に、ボアズがナチの人種科学を非難する請願を身体人類学のリーダー達の間に廻した時に、フートンとヘリチカだけが署名したものだった。

ほとんどの他の身体人類学者は、ジョンズ・ホプキンス大学のレイモンド・パールのように、丁重に断った。[30]

しかしフートンは一九三〇年代までに国家にコントロールされた生殖計画という考えにひどく固執した。ほとんどのアメリカの科学者がそこから撤退し始めた後である。それは部分的にはナチスがそれを採用したことに伴う熱狂への反応であった。一九三七年に、フートンはカンザスシティーでのハーバード同窓生のグループへのスピーチをニューヨークタイムズに載せ、その中で彼は最適者のみを生殖のために勇気づけることによる近代社会の進歩と、「不適者への生物学的排除」を要求した。二年後、彼は大著『アメリカの犯罪者　第一巻』を出版した。それは犯罪者の顔と身体を統計的に分析し、それらをボランティアの消防士の顔と身体に対して三つの異なった州で対照しており、犯罪性の肉体的側面を明らかにしたと主張していた。それは余りにも乏しくしかレヴューされなかったので、ハーバード大学出版会は第二巻を出さなかった。[31]

第二次世界大戦後、フートンの学生は合衆国の身体人類学の教授職へと就任し、そして教義を変容させた。この変容はシャーウッド・ウォッシュバーンの「新しい身体人類学」の洞察によって先鞭をつけられていた。それは、自然的な人類行動の偽の説明というよりはむしろ、人類の進化を中心に据え、霊長類の研究を組み込み、そして人類の肉体的な多様性の研究を、どうやって人類の諸グループは適応し生＝文化的に変化したのかの研究として再構築したものだった。[32] ボアズ主義者は無論それを正しく理解した。人類の分化の最も大きな要素はその文化的な要素である。もしあなたが分析的に――そしてもしかしたらひねくれて――文化的というよりもむしろ生物学的な人類の多様性の主要な部分を分離したとしたら、あなたはその主要な特徴が普遍的であることを見出すだろう。あるいは、グループ間の相違というよりはむしろ同じ変異が多くの集団において表れる。一九五一年の人種の性質と人種間相違についてのユネスコ声明においてはっきり述べられたように、「ほとんどの場合においては、全てではなくとも、測定できる特徴、同じ人種に属する個人間の相違は、二つかそれ以上の人種の観察された平均の間で起こる相違よりも大きい」。のみならず、もしあなたが文化的そして生物学的に普遍的なのを無視すれば、いまや人類の多様性について残っているのは主に傾向である。それはつまり、地理的な勾配によって分布しているという意味である。そして文化、普遍性、そして傾向を除いて残っていたものとは、主に地域的な変異であった。オックスフォードの身体人類学者ジョセフ・ワイナーが一九五七年に言ったように、我々はいまや人類集団を「広域に広がった多かれ少なかれ互いに関係した生態学的に適応したネットワークと機能的な実体を構成している」と見た。[33]

もしあなたが人類の多様性に興味があるというなら、人種は生物学的な尻尾を振る文化的犬である。人種はそうやって科学的範疇から除外して定義された。それはすなわち、「人種問題」は実際には全く人種的ではなく、それらは社会的問題であるということだ。そうやって人種の問題を解いたことによって、身体人類学はいまや人類の進化、微視的進化、そして霊長類の行動に焦点を当てることも自由になった。無論、それは「生物学的」（たとえ全く「身体的」でなかったとしても）なデータの重要性を知らしめ始めた——たとえば行動やＤＮＡである。

科学的人類学

人類の起源の科学的物語を他の物語よりも良くするものは何だろうか？　もしかしたら「良い」とはたいへん適切な語ではないかも知れない。何が進化、あるいは何らかのそのバージョン、すなわち科学的物語を、創造説（あるいは何らかのそのバージョン）に対抗して作り出すのだろうか？

問題はここにある。あなたが科学的なものを非科学的な活動から分離するための何らかの基準を打ち立てればすぐに、他の誰かが、そうした特徴を欠き、それにもかかわらずやはり科学であるような科学を見つけることはたいへん容易である。仮説を検証すること――カール・ポパーの有名な基準――はヒトゲノムプロジェクトを説明しない。それは純粋に帰納的である――我々は完全なヒトDNA配列を、我々ができるという理由でシークエンスした。我々はそれが重要だと知っていた。そして何か興味深いものがそこから降り出てくるだろうと期待していた。現に誰もそれが科学だと疑わなかった。

科学を際立たせるものは科学的な心構えである。あるいは、仕事に持ち込む「認識論的な美点」である[34]。近代科学はもしかしたら三つのそうしたアイデアに帰納できるかも知れない。それは自然主義、経験主義、合理主義である。自然主義は魂と奇跡の世界と、物質と法則のそれとの間に分割があり、そして学者は効果的に後者を鉤括弧に入れることができて、それを独立して研究できるという仮定である。最も初期の近代的民族誌学のフィールドワークはそれがいかに普通でない考えであるかを示した。人々は一般的には概念的にその二つの領域を分けない。魔法と気まぐれの世界が物質性と予期可能性のそれへと相互貫入する[35]。そしてそれについて考える時、「我々」もまた本当に完全にそれらを分けていない。科学において以外では。ラスベガスでもリグレー・フィールド〔シカゴ・カブスの本拠地として有名な野球場〕でも、ウォールストリートでも、我々の望み、夢、そして祈りは物質、動き、ランダム性、そして全ての時間の人生の規則性と交わっている。近代人は健康のために抗生物質と天国の祈りの両方に同時に適応する方法を見つけている。我々の新造語は、もちろん、「代議的政府に誓って」などと言わない。むしろ「神に誓って」と言う――まるで基本的な問題が、究極的には民主主義と自由の何らかの手段をもたらす政治と苦闘よりも、むしろ信心であるかのように。そして毎晩、自然科学の大学院生の無視できない割合が良い実験結果を希望し（そして祈りさえして）眠りにつく。

要点は、二つの世界を分けるということは、誰もごく最近までは本当には試みなかったがゆえに奇妙なことであるということである。彼らがそれをし始めた時、ヨーロッパでは一六〇〇年代早くだが、彼らはそれを「神秘大学」や「新哲学」のようなコードネームで呼んだ。ついにそれは最も信頼できて強力な知の形態になった。フランシス・ベーコンの有名な格言、「サイエンティア・ポテスタス・エスト scientia potestas est」、おおよそ訳せば「知は力なり」、にあるように(36)。

科学がもたらす第二の仮定は経験主義である。それは、理念は知覚された現実に合致しなければならないということであり、前者が後者に合致して調節されねばならないということである。再び、ここでも文化的に許しを請うべき多くがある。もちろん、証拠は多くの種類の非科学的な活動において重要である。もしあなたが鶏の内臓や茶の葉の占い師なら、あなたはまだそれらを特定の兆候へと参照せねばならない。それは観察を予言に翻訳する仕方の知識を要求する。あなたが魔女や反逆者を有罪と宣告したいなら、あなたは依然何かの上にそれを基礎づけねばならない。占いや法は科学ではないかも知れないが。

建築家、エンジニア、そして石工が伝統的に造ってきた物の種類は——ボートから寺院、水路に至るまで——蓄積された知、しばしばトライ・アンド・エラー、の適用にもとづいている。古代ギリシア人はこれを尊び、それをテクネ techne、作り実行するための知と呼んだ。しかし彼らは、それらを、宇宙がどうなっていて、世界における物体が実際にはどう働き、それらがどこから来たか——物における秩序——を理解することからは区別し、それを異なった種類の知、エピステーメ episteme とした。

我々はしばしばこの区別の外見上の類似を「応用」対「基礎」科学として維持する。しかしこれは完全にそうではない。なぜならギリシア人のエピステーメは自然についてどう考えるかを、あるいは我々が今日哲学と考えるだろうものを包含していたからだ。

一七世紀までに、ヨーロッパの学者は自然誌を自然哲学から区別した。前者は世界についての事実の集積を意味し、後者は世界がどうやって働くかについての体系的な理解を意味する。ニュートンの『プリンキピア』(一六八七年)は、自然哲学の業績であるが、のみならず動く物体の事実の理解に関する含意を持っている。追って、一八世紀を通じて、これらの知識の断片は、事実、その理解、そして彼らが持ち得る何らかの応用へと徐々に整列させられ、いまや一個人の中に埋め込まれ始めた、一人の「科学者」である——一八三〇年代に鋳造された言葉だ。[37] ダーウィンの『種の起源』(一八五九年)は、自然誌の業績であるが、その生命の事実を生み出した力の理解への言及によって円環を閉じた。再び、要点は、世界の証拠にもとづいた解釈の価値は必ずしも自明ではないということだ。それはいくつかの種類の専門化した知の収斂を要する。あなたが作物が育つために雨が必要だということを知るためには、あるいは、いつ雨が来そうかということを予報するためには、実際には凝集サイクルについて知っている必要はない。

最後に、我々は第三の科学的仮定に行き当たる。一八世紀の学者の合言葉——合理主義である。証拠にもとづいた説明の成り立ちを案内するための理屈の適用である。実際には、これは奇跡の説明力の減衰を意味する。一六四〇年代のオランダの哲学者バールーフ(ベネディクトゥス)・スピノザから一七四〇年代のスコットランドの哲学者デイヴィッド・ヒュームにかけて広がる一世紀にわたって、奇跡は学者のコミュニティの中で恐るべき敗北を喫した。それは科学が、神が存在しないということを示したということではなく、理論的に神は、超父、あるいはメガ王としてよりはむしろ、宇宙の動的な力として再解釈されたということである[38]。神はそれによって宇宙が運航する法則を作った――そしてそれらの法則が、太陽を空に一日中静止していることから追放し、星をイランのどこかからベツレヘムの飼い葉桶までキャラバンを導くことから追放した。単に、どこかに間違いがあったということがよりありそうだということに過ぎない――ストーリーの正確さと的確さか、オリジナルの証拠の解釈か、その時からのストーリーの翻訳の忠実さか、に。一七九〇年までに、言語の歴史は合理的に扱われていた。バベルの塔の聖書のストーリーにも拘らず。同時に、地理学者は聖書の年代記にも拘らず地球の歴史を研究していて、そして病気における細菌の理論は、病気の原因として魂が支配的であるという信念の終焉にあたって、感染症学において普及していた。一八三〇年までに、イエスの生涯さえも、奇跡の連続としてよりもむしろ、合理的に取り扱われていた[39]。一八九〇年代の科学的古典、ジェームズ・フレイザーの『金枝篇』は、福音書についてのその分析を開始した。それを理解するためのふさわしい参照の枠組みは古代の中東の神話と伝説の中にあるという革新的な仮定を以て。

我々に、ヒトゲノムプロジェクトを科学の中に定義し創造説を除外することを許すものは、これら三つの考え――自然主義、経験主義、合理主義――の収斂である。しかしながら、創造説を科学の外に定義することは、太古の異星人の宇宙飛行士を科学の外に定義することがその特有の問題を解くことができる以上には、創造説の問題を解かない。

第2章

歴史と倫理

歴史は、より微妙な意味において生物学よりも重要である。どちらの場合においても、これは事実の集積——歴史上あるいは生物学上の——を指しているのでなく、そういう思考の領域が人間生活に対して持つ重要性のことを言っているのだ。「私はどうやってここまで来たのか?」とか「いったい何が起きたのか?」というような疑問のことを言っているのであり、「誰が普仏戦争で勝ったか?」というような疑問ではない。

「どうやってここまで来たのか?」は、生物学的にも歴史的にも答えることのできる疑問だ。生物学的な答えでは親の卵と精子の未受精核が配偶子合体をすることに焦点が当てられる。ただ、そこに先立っていた母と父の情熱のことは無視されている。また、絶えず行われている有糸分裂(細胞分裂)と生理学的な諸機能のことは別として、あなたをこの地点まで導いてきた人生の経験のことを除外している。

「いったい何が起きたのか?」の方は、生物学的にも答えられる歴史的な疑問だ。爬虫類の顎の先端部分の骨は、哺乳類の顎で砧骨となって中耳の中に移動して、槌骨と鐙骨をつなぐようになった。何千万年かの過程で生じたのは、こういうことだった。

しかしあらゆる創造説信者は、そんなことは全く起きなかったと喜び勇んで告げるだろう。専門家は間違っているか、あるいは嘘をついている。もし専門家が間違っているならば、それは知識の根本的な相対性を示唆している。もはや専門的な知識などはないのであって、誰のアイデアも他の誰のアイデアとも同じだけ正しい。そしてもし専門家が嘘をついているのであれば、なぜ彼らはそんなことを——それも、無理にこだわっているとは聞こえないようにしながら——するのだろうか?

明らかにそれは重要だ。どのように重要か? 一九二〇年代に創造説信者は進化を非合法化しようとし、その後一九七〇年代に「科学的創造説」、そして一九九〇年代には「知的デザイン」として、相対主義の路線を試みた[1]。明らかにこれは重要であって、我々人間という種の歴史について権威を持って話す宗教的権利は、政治的、そして科学的なものと同時に存在している。実際、二〇一一年のミスUSAコンテストでの最も奇怪な光景は、応募者に課せられた質問だった。「進化は学校で教えられるべきですか?」。応募者のうち何人かは、答えを試みるときに口ごもって、信心深さと開明的であることの両方であるように見受けられた。しかし誰も、質問を反転させて「創造説は学校で教えられるべきですか?」と言うべきであるという意見を述べる者はいなかった。コンテストの企画者たちにとって、創造説がもちろん学校で教えられるだろうというのは規格的な事項であり、質問は、ダーウィニズムの採否という枠で設定されていたのだ。

生命の歴史だけが唯一、政治的な舞台で討議されるべきものだったわけではなく、アメリカの歴史もまた同じだった。一九九四年にスミソニアン博物館が原爆の展示を企画したとき、猛烈な政治的な争いが巻き起こった[2]。この展示の意図は、来館者に一九四五年に広島と長崎に爆弾を投下したことの決定について、また日本の犠牲者の直接の被害について、そして冷戦の開始について考えさせるところにあった。連合国側が日本に侵攻していたら、死傷者数のレベルはどうだったのであろうか? 長崎〔への二発目の原爆の投下〕は本当に必要だったのか? トルーマンは枢軸国〔ただし日・独・伊のうち日本以外は、広島への原爆投下の時点で、すでに降伏状態にあった」をうち負かすのと同じく、同盟国ソビエトをも脅そうとしていたのか？　チャールトン・ヘストンのような猛り立った軍国主義者やアメリカ軍にとっては、原子爆弾の投下決定はいかにも明らかに善い選択だったので、いまさら振り出しに立ち戻るどんな企ても反逆罪に等しかった。彼らは成功裡にスミソニアンの企画を、公共教育という元来の使命からナショナリズムの一部へと一時的に脱線させ、そして最も重要なことには展示を中止に追い込んだ。

二〇一〇年三月にテキサス州教育委員会は、理神論者のトマス・ジェファソンを軽く見て、より受容れられ易く見えるキリスト教徒の合衆国憲法制定者側の肩を持つようになった。[3]　歴史はたしかに政治的なのだ。

十分な評価を得ていない一九九〇年代の「サイエンス・ウォーズ（科学戦争）」の一つの側面は、歴史編纂の戦場である。「誰に歴史を書かせるか」と「それをどのように書かせるか」は、常に社会の力に左右されるので、科学者が書いた科学の歴史は、歴史家が書いた科学の歴史と大きく異なりがちである。歴史家による科学の歴史は発見に特権を与えがちであり、科学者による科学の歴史は発見者の方に特権を与えがちである。科学者が自分たちの書く歴史において発見者に特権を与えることは、たしかに理解可能ではある。彼らは祖先の人物なのである。彼らはヒーローとして、学問的なアキレスまたポール・バニヤンとして、そしてロールモデルとしての姿で描くことができる。なぜなら――誰にもまだ分からないことだが――これからの世代では、あなたもまた歴史的な主題であり得るからだ。あなた自身の大発見によっては。もちろん歴史それ自体も、一連の発見者から発見者への跳躍として表現されることができる。我々がどうやって、全員のうち最も偉大な者としての巨人の肩の上に立って、我々がいるところまで到達してきたかという年表として。アイザック・ニュートンがずいぶん昔に、そう言った通りである。しかし年表は中学生向きのものだ。それは年代記であって、歴史ではない。

何か新しいことにおける最初を称揚することはとても文化的な価値だ。ただ最小限に言っても、それは「最初であること」を神格化してしまう。結局最初ということは、しばしば特許の窓口に間に合った最初ということだ。ジェームズ・ワトソンとフランシス・クリックはDNAの構造を最初に推定し、しかし自分たちが競争の場にいたことを知っていた。そしてライナス・ポーリングよりも数週間、先立っていたに過ぎなかった。言い換えれば、ワトソンとクリックが生まれていなくても、我々はやはりDNAの構造を手にしていたことだろう。もしチャールズ・ダーウィンが生きていなかったとしても、誰か他の者が自然選択を発見しただろうか？　もちろんである。なぜなら我々は他の誰かが実際そうした発見をしたこと――一、二の例を挙げるならばアルフレッド・ラッセル・ウォレスとハーバート・スペンサー――を知っている[4]。

このことが示唆しているのは、発見者は発見より重要ではないということだ。そして必然的に、最初にそれを行った／考えた／作ったことが誤って強調されているということでもある。もし何人かの人々が独立にそして同時にそれを行った／考えた／作ったのだとすれば、彼らがあることを行い、考え、作ったその環境が、彼らが誰であったかよりも重要であったことを示唆する。なぜ僧職者グレゴール・メンデルによる植物の交配の業績が三五年後（その時点で、彼が発見したのと同じ事柄が再発見された）まで真面目に取り上げられなかったのかが論じられたりするのか？　歴史的な重要性で見ると一八〇〇年代の遅くに、世代間の伝達（遺伝）が、個体の発達（個体発生）から知的に分離されてきたということがあり、それがメンデルの仕事を新しく意味深いものにした。もしもメンデルが生きていなかったとしても、我々はやはり世代間の伝達（遺伝学）について知っているものを知っていただろう。そうしてみると、なぜ彼について言ったりするという手間を掛けるのか？　むしろ一八六〇年代に遺伝学と発達を混同することが何を意味していたか、そして両者を分けることが何を意味したのかを告げること――それが、一八六五年のメンデルの仕事を一九〇〇年に新しく認識可能にした知的な達成だ[5]。

言い換えると科学の歴史はアイデア、もの、関係の歴史である。発見者の歴史は単に長く続くメロドラマに過ぎない。

アイデアの歴史として、科学の歴史にはその政治的な側面もある。何を含めるべきか？　誰を含めるべきか？　余計なおまけを伴い、あるいは伴わないままで？　物理学者アイザック・ニュートンが性に関心がなかったことや、遺伝学者カルビン・ブリッジズがとても性に熱中していたことや、人類学者ルース・ベネディクトが両性愛的だったことなどが、我々に何か重要なことを告げるのだろうか[6]？　我々はとりわけフロイト風の、科学の歴史を書いているのだろうか？　それに加えて、一般にパトロンとしての引き立て行動には明らかな政治的意図がある。パトロンには、引き立て役を設定して目立ってもらう必要がある。科学の開祖と認識されているガリレオの場合でさえも同様である。その役割を達成する一つのやり方は、歴史を、パトロンに栄光を与えるため、あるいはパトロンの敵を呪うために使うことだ。

著名な歴史家でまた教育者だったアンドリュー・ディクソン・ホワイトは、『キリスト教圏における科学と神学の闘争史』という博識で影響力のあった二巻の研究業績を、一〇〇年以上前に書いた。その表題は、文字面だけからもひどい自己矛盾があるように見える。それというのも、たいていの科学は神学に反対してなされたのではなく、神学的な文脈のもとでなされてきた。結局、ガリレオは宗教裁判所によって自宅軟禁の措置を受けたかもしれないが、彼自身は自らをカトリック教徒と考えていた。実際彼はローマ教皇の支持者だった――著作『二つの主要な世界システムに関する対話』*の中で、教皇にからんでみてもよいくらいに感じていた理由はそうしたところにあったが、実際にはそのせいで面倒に引き込まれることになった。アイザック・ニュートンは三位一体説に疑念を抱いていたかも知れないが、しかし彼は物理学についてよりもむしろ神学について多くを書いており、ただしそれを出版しなかった。〔僧職にある〕グレゴール・メンデルは他の誰ができるのとも同様に、神学の身内だった。

しかしながらホワイトの本は、たいへん影響力のある論争の種になった――針の穴を通して見るようにして、近代（一九〇〇年頃）の科学がキリスト教神学に対して行っていたとする闘争を述べた科学の歴史だった。科学は現実、未来、知、技術（これらは全て、実際には相関性の乏しい変数なのだが）を表しており、宗教は後ろ向きの伝統、偽の権威、無学――そしてそれ以上のことを表している。これまでいつもそうだった！

それは科学の歴史に対する学問的でまた興味深いアプローチではあったが、公平でバランスが取れているとは言い難かった。

歴史を、近代の問題関心のレンズを通して見るのを避けるのは困難であり、この難点の回避は、当時の人たちが単に近代の学者の先輩として認識された場合にだけ適切である。つまり今の我々は過去を、過去の問題を通して理解するのであって、現代の問題を通してではないということである。今日に特有の問題は、遠い昔に人々が行い、また考えていたこととは関係がなく（なぜならそうした問題はまだ存在

* 正確な標題は「プトレマイオスとコペルニクスの二大世界体系についての対話」。ガリレイを代弁し地動説を支持するサルビアーティと、天動説を支持するアリストテレス主義者のシンプリチオと、対立をとり持つサグレドの対話の形でコペルニクスの体系の基礎を説き、新しい科学の方法を述べた。一六三二年フィレンツェで出版。

していなかったから)、そしてかなりの程度まで、他の年代の人々の上には移し替えることができない。

それでもなお時間を越え、また場所を横断して広がる普遍的なテーマというものもあるだろう。一八世紀のフランスの自然誌家ビュフォン伯爵は、一七五三年のことだが、その『自然誌』第四巻において、一七四九年に最初の三巻で言ったいくつかの事柄を、ソルボンヌ大学の神学者組合によって取り消すよう強いられた。彼は一〇段落のそうした割愛を行ったものを出版したのだが、しかし不敬虔の度合いを変えながら、以後三一巻まで刊行を続けた。しかし一七五三年に行った謝罪の一部分が、影響力のあるイギリスの地質学者チャールズ・ライエルによって七〇年以上も後になって引用された。

私には聖書の文章に反対する意図がないことをあえて断言し、そこに創造に関して書かれていることを、時間の順序としても事実の問題としても信じるということであり、私が本の中に書いた地球の形成に関連するあらゆる事柄、そして一般にモーゼの物語に反するかも知れない全てを放棄する。(7)

そしてもちろんダーウィンは、ライエルの本をガラパゴスにいる間に貪り読んだ。それゆえ、ビュフォンと、ライエルと、ダーウィンを結びつける線を描くことは公平な扱いだろうか? そしてまたテネシー州対ジョン・トーマス・スコープス裁判(一九二五年)と、「知的デザイン」(二〇一〇年)を結ぶ線については?*

そう、たぶん答えはイエスだろうが、しかしそれは一八世紀のカトリック信者と、一九世紀の英国国教会派と、二〇世紀のバプテストが必然的に同じであることを正当化できる場合に限ってのことだし、そしてもちろんまた、地球の年齢（ビュフォンとライエルの第一の関心事）は、種の変容や系統（ビュフォンも一八三〇年代のライエルもそれは信じていなかった）と同じではない。そうすると問題は、必ずしも宗教自体にあるのではなく、むしろ社会的権威の側にあるのではなかろうか？　結局、科学者は彼らの権威が脅かされた時にどうやって反発するのだろうか？[8]　警察官はどうやって反発するのだろうか？ナイトクラブの用心棒はどうやって反発するのだろうか？

明らかに誰も、自分の権威が脅かされることは好きではない。そして彼らは自分が自由に行使できる社会的な力を、〔権威の脅かしの〕試みを妨げるように行使する。これを、宗教対科学という枠組みに組み込んでしまうことは、真に歴史的エピソードを束縛しているものが何であるかを見失うことだ。のみならずそれを、退歩的な宗教対進歩的な科学という枠組みに組み入れることは――科学が実際に間違っていた場合には――歴史の大きな一片を見失うことを意味する。

いつ科学は間違うのだろうか？　ポパーの有名な反証の基準に従えば、科学は物事が誤っていると証

* ビュフォンとライエルとダーウィンを「結ぶ線」については、ひねった言い回しで問題提起しているが、地球の年齢について一定の限られた数字を提示したビュフォン（それゆえ神学者たちから睨まれ、曖昧な言い逃れでごまかした）と、地質などの変化が定常的に進むことを強調したライエルと、種の変容（生物進化の言い回しの一つ）について地質の定常変化説からも大きな示唆を得て『種の起源』を書いたダーウィンを、進化論成立につながる一つの「線で結ぶ」語り口が現在も頻用される一方で、「神様」による創造という無造作な言説も、キリスト教が通俗的に普及している一部の社会で、「必然的に同じ」もののように「正当化」され続けていることを念頭に置いている。スコープス裁判うんぬんでは、一〇〇年前に高校教師が教室で進化論を教えて形式的な罰金刑に課せられたこと（「サル裁判」）と、精巧な生物の仕組みは進化によるのではなく超越的な外部（「神」）からの知的デザインが必須という、現在もなお――ことに米国社会の一部で――受容される通俗理解が、同じ「線」で結ばれるどころか同一点上の粗雑さに足踏みしていることを、これもひねった言い回しで指摘している。

明することで進歩するのだから、その答えは「常に〔誤っている〕」だろう。だからといって、これは宗教にとって大いに好ましい議論ということでもない。コペルニクスは、地球を太陽系の中に置くことにおいては正しかったが、しかし太陽が宇宙の中心にあるとし、惑星の軌道が完全な円であるとし、星々が等距離に置かれ固定した球面上に張りついているとした点に関しては、間違っていた。ガリレオは一六〇〇年代早くに敬虔さなどさておいて、地球が太陽の周りを回ると言ったときに正しかったのだが、しかしシャルル・ボネが一七〇〇年代の遅くに敬虔にも、女性は自分の卵巣の中にミニアチュア化された赤ん坊を含んでおり、それらの赤ん坊はまた自分のミニアチュアの赤ん坊を最後の世代に至るまで順次、卵巣の中に含んでいると言ったときには、信じ難いほどの大間違いだった。ただしここで、ガリレオはラディカルな着想のゆえに迫害されるべきではなかったとか、ボネの方はそうされるべきだったと言いたいのではなく、権威および行使可能な力を具えた制度というのが、ここで重視すべき顕著な問題であり、後知恵で判断した結果としての正しさ、誤りということではないという点だ。

後知恵というのは結局のところ光学的な幻想だ。太古の昔においても書き手の視点と関心次第で、歴史が違うふうになることを知っていた。勝利者にとっては、戦争での勝利は不可避の結果と見える傾向がある。力、狡猾さ、あるいは資質がまさっていた結果として勝ったのだ。被征服者にとってはもっと不確かな事情、どこかでちょっとした不運が生じて、流れを不利な方向に変えてしまったかのように見える。

科学の歴史は、科学者が書いたものとしては、勝利者の歴史だ。正しいという理由で選ばれ、あるいは少なくとも今日言われているのと似た意味のもとに何かを言ったという理由で選ばれた、発明者と発見者の年表だ。「民族中心的」というラベルに伴うのと同じ腰の低い姿勢で歴史の年代表に接するアプローチは「現在主義」、あるいはもう少し曖昧な言い方で「ホイッグ史観」と見なされる。(9) 要点を言えば、他の文化をただ自己のものの不完全なレプリカとしてのみ理解する民族中心主義者と同様に、現在主義者は過去を説明あるいは理解しようとしない――単に自分たちの近代的な文脈的関心のもとに、過去を利用しているだけだ。

この意味で、年代表に添うアプローチは現在からさかのぼって過去を見て、発見の祖形となる先行者を拾いあげているのだが、それは科学の一つの歴史であって、科学の歴史そのものではない。結局、先行者にとって節目となった他の選択肢で、何が問題だったのだろうか。そうしたものは、そこで作用していた唯一の要因だったのか？ そうだとして、その問題はなぜ、さらに興味深いものとして考えられなかったのか？ そうでないならば、何がそのものの原型となっていたのか？ 彼ら〔発明者／発見者〕は、どうやって他の者の目を逃れてきた事柄を見出すことができて、それからまた、そのことについて他の者を納得させたのか？ 生まれついての頭脳の力か？ 弁舌の才能か？ アイビーリーグにおける学部の地位か？ 多額の助成金か？ そしてなぜ女性や非ヨーロッパ人については、これほど少ない数の人々についてだけ語られるのだろうか？ 彼ら〔語られない大多数者〕は、ただ単に知的ヒーローであるほどには十分に賢くないのか、あるいは我々の科学の歴史には、いろいろなやり方によって、全てバイアスがかかっているのだろうか？

科学の歴史の説明に対して生来の才分を持ち出すことは、もっと一般的な文化的な変化過程に対してよりも、良い説明ではない。このことはすでに、前章で見てきた通りだ。科学では誰もが賢い。これほど沢山の新しい発見がすでに存在してきたことからも、これは分かる。たしかにスティーヴン・ホーキングやリチャード・ファインマンがいる。しかし彼らがいなくても、我々はやはり彼らが作り出したはずの全ての数学と物理学を知っていただろう。ただし少しばかり遅れて、そして他の誰かからではあるが。

換言すれば、科学の歴史は社会的な知の生産についてのものであり、神経活動的な知の生産についてではない。

非個人化された進化の歴史

自然主義、経験主義、そして合理主義の道具で武装した一七世紀のヨーロッパの学者たちは、数学的な秩序——それはつまり理法ということであるが——を、自然界に、とりわけ物理学と天文学の領域において探し求め、発見し始めた。地球が恒星の周りを回っている惑星として最もよく理解できるのだという知識から、太陽系の歴史はおのずからどのようにしてか地球の歴史を組み込み、そして地球の歴史はおのずからどのようにしてか、地球上での命の歴史を組み込むだろうということを示唆した[10]。

ダーウィニズム——全ての生物種はそれ以前に存在した種から生じ、それらは自然選択の過程を通して、地域ごとの環境に適応するようになったという理解——は、実のところ物事の大きな図式の中では、比較的些細な学説である。ダーウィニズムをいくつかの自然化する科学的議論のうちの一つ、ヒロイックな天才の産物として見るのではなく、差し迫っているものの組合せとして見ることが重要な理由が、ここにある。

そうだとすれば進化の歴史は、チャールズ・ダーウィンを以て、あるいは彼の祖父エラズマスを以て、あるいはまたジャン＝バティスト・ラマルクを以て始まるのではない。それはむしろ地球上の生命が世界の歴史それ自体と密接に関連しており、それゆえ歴史的に理解される必要があるという段階的な認識を以て始まる。しかしそれはまた、知識が、特に非聖書的な知識が良いものだという、それ以前に異端の考えとされたものの根本的な再考を迫った。地質学と生物学を神学化する(主にイギリスで)ことによって、こうした再考は同時に、確立された社会と道徳秩序にとって脅威でないと主張しながら、自然神学として知られるようになった。こうして早期の宇宙物理学者による主導に引き続いて、生物学の領域も秩序によって特徴づけられており、カオス(無秩序)ではないと見なされた。その秩序は神による世界の上への痕跡であって、それを研究することは神の力と業を確かめることであり——要するに、究極的な敬虔の活動だった。[11]

その秩序の特性は一八世紀を通じて明らかになった。第一に、現実に絶滅(種の終わり)という現象があり、これは神の創造が永続的ではないという神学的な困難を引き起こす見込みがあった。一七二〇年代の博物学者はドードーが、全ての原産地だったモーリシャス島以外のどこかで発見されると予言することもできたけれども(ただしそこでも一六八〇年代以後、見られていなかった)、一八二〇年までには絶滅についての大量の現実(古生物学が示したように)が、説明を要する生命の事実として受容された。第二に、生命の歴史は一連の生命の継起であって、違う種類の動物の骨格遺物が、埋め込まれている場所の地質学的特徴と固く結合して互いに重ね書きされたものである。そして一度種の継続と終わりについて理論を立てたならば、その始まりについても理論化するのでなければ辻褄が合わない。第三に、生きている種は互いに相手とは違いのある似たまとまりとして、自然に配列される——たとえばサルを同時に動物、哺乳類、霊長類として同定できる。人間も身体的にはそういう隣接する場所を占めるだろうということを、一八世紀の半ばにリンネが示していた。ただしそのことの意味はすぐには明らかにならなかった。そして最後に、骨格遺物のみから知られる絶滅動物もたいてい既知の区分枠に割り振られたが、しかし間違った場所から見つかったものや（北極からの象のように）、既知の枠を横断するものもあった（空を飛び、あるいは泳ぐ巨大な爬虫類であるプテロサウルスやイクチオサウルスのように）。

地球の古さは一八三五年までには決着を見て、聖書の年代記はお払い箱となり、「深い時」に直面した[12]（現在の論争では、「若い地球」派の創造説論者はもちろん、『種の起源』の科学ではなく、この仕事の何十年か以前の科学を問題にしている）。しかし地球の年齢と生命の歴史が過去に向かって延長されても、人間の歴史はそれに伴って延長されなかった。人間の痕跡はプレシオサウルスと一緒の地層の中には見つからず、このゲームでたいへん遅くになって、ローマでの埋葬と太古の墓においてようやく出現するが、その様子は我々に酷似して見える。地球とそこで暮らす生命は歴史を持つが、人類という種は、文化的な歴史ということを別にすれば歴史を持たないかのようである。

敬虔かつ素朴にこうしたデータを見れば、地球とその生息者は長くて明確ではない前歴史を持っている。そして歴史は、神がアダムとイヴをエデンの園に置いたときに始まったということになるのだろう。ただしこれは、もっと興味深い疑問をあからさまにする。もしアダムとイヴがたとえばヨーロッパ人の外見を呈していたとして、アフリカ人の外見を呈する人々はどこから来たのだろうか？　彼らは（不信心な考えだが）別個に存在する起源を持つのか――それは有名な疑問「私は「人」でなく、「兄弟」でないのか？」への否定的な答え（「そうではない」）を呼び起こす。あるいはまた彼らは（敬虔にも）聖書に書かれていたカップルの腰から生まれ出たのだろうか？　そうであれば、それは原初からの普遍的な兄弟性を示唆しているが、しかしまたかなりの身体変化が、どうやってか人類の中に、地質学的にはかなり短い期間に生じてきた可能性をも示唆する[13]。

石器は、たいへん早い時期に人々がいたことを示唆するが、ますます絶滅動物の痕跡との明確な関連の中で見つかるようになった[14]。これは結果的に前近代の世界と、アダム的な近代世界の切れ目がそう明確ではないことを示唆した。*言語学は、仮説的に再構築された共通祖先からの言語の系譜を辿るもので、一九世紀早くには信頼性を獲得した。およそ一八二〇年頃までに、一つの主要な共通祖形言語が「インド＝ヨーロッパ語族」として広く知られ、アイルランドからインドまでで話されている言語の祖形と考えられた。言語は、聖書の物語と明らかに反するように見える系統過程と、遠い共通の祖先を持っていた。聖書では言語の多様性はバベル（バビロン）で非歴史的に始まった。もしかしたら、それが幅広く知れ渡った歴史かもしれない[15]。

人間の歴史と生物学的な前歴史が互いに分離困難になるに従って、祖先と系統の問題に自然と鋭く焦点が合わされることとなった。それでは、人類を形作るにあたっての祖先の役割は何だろうか？　学者たちはかつて病気の「遺伝的」要因ということを言っていたその領域で、いまや伝達の規則性からなる「遺伝」と呼ばれる何ものかを理論化し始めた。彼らは顔つきのようなものの遺伝を、祖先伝来の家宝のようなものの伝承（遺伝）と区別する必要があった。のみならずヒトデの腕の再成長（再生）と、わずかばかりの変形によってネコ科動物のある仮説的な祖形タイプからジャコウネコ、ライオン、家ネコ、オセロット、ユキヒョウが生じてくること（退行）と、そして一般的な再生産（発生、生殖）の現象が、

* 逆説的な表現は本書全体の特徴で、ここの手前の二、三段落にもそれは顕著。一九世紀前半には一方で絶滅動物の化石と他方で古人類の石器遺物（絶滅動物の化石と比較すれば桁違いに新しく、「現代」のものでしかない）の研究業績も増えてきたのに、それらが雑然と混同され、さらに聖書のアダム・イヴがお話以上のものとして持ち出されていた当時を念頭に置く必要がある（一部は、現代でも聖書記述に数字的にこだわる創造説論者の一派への当てこすりとも読める）。ともあれ、ここでの「前近代 premodern」はアダムから始まった「近代」世界以前の意味。

全ていかにしてかつながりのある現象であることが――とりわけ動物を新しいやり方で、つまり細胞の塊として見る場合には――認識されるようになった[16]。

そして細胞の奇跡的な起源という課題も、生物医学において強く攻略されていた。細胞は「生命の構築ブロック」として一八四〇年代には受容され、そして一八六〇年までには細胞を得る道は一つしかないこと――既存の細胞から生じてくること――が、はっきりしてきた。もし細胞は奇跡的には生じないこと、そして種もまた生命の単位であり、しかしそれが自然に終わることを知っているとしたら、同様に種も他の種から自然に始まってくると主張することは、無理なこじつけではない。そして、感染症から癌まで、多くの種類の病気が細胞的であることが明らかになっていた。

一方には自然な細胞や種の生成と、他方で大昔からの奇跡とされる聖書的な細胞や種の生成との間に、移行的な中間領域があった[17]。つまり正しい環境下での新しい細胞と新しい種の自発的な発生（自然発生）ということだ。誰もそんな環境を特定できていなかったけれども、しかし一回は起きていたに違いない。そしてことによると細胞はかなり規則的な基礎の上で自発的に出現を続けていたのかもしれない。それは生命と非生命の境界が浸透的であること、そして生命が本当にそう特別なものでなく、実は奇跡的でもないことを示唆しているに違いない。こうしたことと並行して、古生物学の記録の中に見られる種の連続性から、種が絶滅して他の種で置き換えられることが明らかになってきた。そうした新しい種はどこかから由来したのでなければならない。おそらく新しい細胞と種は時折、姿を現してくる。奇跡的にせよ、そうでないにせよ。

なるほど、そんなことはあるまい。だがしかし、試してみる値打ちはあった。

なおまた細胞、種、あるいは言語に関心などなくても敬虔な者にとっては、一九世紀は聖書的な学問の強化、特にゴスペルの中で合理的に歴史的と考えられるもの——つまり必ずしも正確ではなくても意味深いということだが——そして神話的でありそうなものを見定める企てがなされた。一八四〇年頃までには、ドイツの聖書学者ダーフィト・フリードリヒ・シュトラウスがイエスの生涯は生産的かつ歴史的に調査されるべきだという示唆を以て聖書の「高等批評」という分野を持ち込んできたように、イエスの生涯が自然主義の構図から挑戦を受けた。一八九〇年にケンブリッジの古典学者であり初期の社会人類学者だったジェームズ・フレイザーが出版した『金枝篇』は、神話の領域でのイエスの理解を文脈化した。

二〇世紀への変わり目の頃、理性と自然は、キリスト教の最も基礎となる要素にも侵入を果たした。[18]巻き返しもまもなく起こり、巻き返しの主要な標的はダーウィンだった。まもなく到来する新たな時期には、他にも狙われる襲撃目標——とりわけ酒類*——はあったが、ダーウィンに対する巻き返しはあちこちで現れた。とりわけ政治面ではダーウィンの名前を引き合いに出すものがあった。ドイツではダーウィンの主たる解説家はエルンスト・ヘッケルであり、ヘッケル版の進化ではアメーバから北欧の軍国主義国家まで、生存闘争の跡が辿られる。第一次世界大戦時のドイツ軍の将校は彼らなりのヘッケルを知っており、強烈なダーウィニズムの用語で彼らの侵略的な国家的野心を明確に表現していた。[19]そしてキリスト教徒であり暴力否定主義者であるウィリアム・ジェニングス・ブライアンはこうしたことに注目した。これが悪い教養としてのダーウィニズムという基本的な彼の見方の枠組みを助けて、ついに

＊米国で連邦禁酒法は一九二〇年から一九三〇年まで行われたが、政治的な下地は一九世紀中頃からメソジストの運動、一八六九年創立の禁酒党と一八七三年のキリスト教婦人禁酒連盟などとして続いていた。

一九二二年の早くには、「ダーウィニズムは有害であり、かつ根拠がない」という二重の理由からニューヨークタイムズ紙に進化〔論〕の否定を公表した[20]。

これは興味深い疑問を引き起こす。進化の理論に根拠があるとしよう。その場合にもなおかつ、それはまだ有害であるのか？　つまり我々が類人猿から進化したと仮定した時、それゆえに……非ヨーロッパ人は生命のより低い形態なのか？　あるいはそれゆえに……我々は最適者だけが生き残るまで、絶え間ない戦争に従事すべきなのか？　あるまい。あるいはそれゆえに……我々は貧者を断種し、劣った血統の移住を制限すべきなのか？　あるいはそれゆえに……真に非利己的な振る舞いというものはなく、全ての人間の振る舞いは、その当人の利益という見方のもとで理解されなくてはならないのか？　あるいはまたそれゆえに……動物園は閉鎖されるべきであり、全ての飼育されているサルは野生に放たれるべきなのだろうか[21]？

実際にこれら全部のことが、進化の理論の名の下に過去一世紀半の間に提唱されてきた。しかしこれらは真にダーウィニズムからの帰結でないばかりでなく、また政治的／倫理的領域において判断される必要のある政治的／倫理的な陳述でもあって、生物学的な種が自然選択の長期にわたる効果によって生み出された歴史的な相互関係のもとに持続してきたという事実とは関係がない。

たとえばあなたが、我々がサルから進化したかということよりも社会正義の問題に関心のある考え深い市民であるとしてみよう。すると、あなたがどんな進化論のバージョンに出会っているかということ次第で――そしてあなたが高度に批判的な読者であるとはほとんど期待できず、そういう批判性は科学コミュニティそれ自体が責任を負うべき仕事だから――あなたは、人種差別主義、社会ダーウィニズム、優生学その他の驚くほど了見の狭いナンセンスが、我々がサルとどう関連しているかなどとは関係なく、一見してダーウィニズムから引き出されたかのように見てしまうだろう。そしてこういう判定の上に立って、全てを一緒くたに拒絶してしても無理がないとされるのかもしれない。

聖像、チャールズ・ダーウィン

いまとなっては遠い記憶に見えるかもしれないが、二〇〇九年は進化生物学にとって象徴的な年だった——チャールズ・ダーウィンの二〇〇回目の誕生日であり、そして（五〇歳のときそれを出版できるのに十分なだけ賢かったので）『種の起源』刊行の一五〇周年でもあった。多くの国際シンポジウムが、彼の偉大さと進化の正しさ——その両方とも正当であり、正しいのだが——を讃えた。もちろんダーウィンは思想史の中で偉大な人物であるし、進化は真実である。

しかしその少しばかり後に、歴史家は落ち着かなくなってきた。このままどんどん進んでしまって構わないのだろうか？

つまり、少しばかり事実と違う歴史があったと考えてみると——もしダーウィンがかつて存在していなかったとしても——我々は自分たちが知っているものを知っていることだろう。もしかしたら生命の歴史の解釈において、違う面を強調していたかもしれない[22]。しかしそれでも、生命は奇跡によるものだと見たりするのではなく、歴史的に自然的に理解されていたことだろう。自然主義、経験主義、合理主義の前提のもとでは、学者の社会は結局、生命の歴史に突き当たるに違いない。それにジョージ・バーナード・ショーが一世紀前に指摘したように、文芸としては『種の起源』はとても退屈である[23]。それに加えてダーウィンの名のもとで並べられてきた相当量のご託は、いずれにせよ屑籠行きだ。それゆえここはもっと端的にチャールズ・ダーウィンと『種の起源』について、でなくてはならない。

もちろんそうだ。それは創造主義についてである。そして一つの大看板、一人の祖先をヒーローに採用したことが、我々を近代の知的時代へと導いたことについてである。問題は、我々はダーウィンと彼の偉大さを讃えることで、創造主義論者にダーウィンの地位について非合理的な考えを提供してしまっていることだ。しかし事の発端は、ダーウィンあるいは『種の起源』においてではない。問題となるのは自然化されている知のフィールドの総体——古生物学、遺伝学、細菌学、その他——である。ダーウィンを褒め讃えることで罠に陥り、創造主義に科学での活動を始動させてしまうのだ。

なぜ創造主義などがあるのだろうか？　創造主義は過去一世紀半にわたって科学の一部に基本的な教育学上の失敗があったことの反映だ。我々は多くの人々に対して、人々がサルに由来していると確信させることに失敗した。そして逆にまた彼らの方も、我々に対してたいへん脅威を感じている。

科学者は時に、（正しい言い分だが）科学者が科学的真実とは何かを決定するのだと言う。しかしまあることだが、彼らは次のステップを踏むこと、そして逆の質問を問うことには失敗する。「それは本当にはどういう意味か？」そして「創造主義論者にはそれがどう聞こえるのか？」ということだ。それが意味するのは次のようなことである。すなわち自然の領域で何が真実かという合意形成に至る協約の際、科学者は何が本当でありそうか決定するとき権威を要求することができる。しかしながら明らかに、もし全ての当事者が最初に、真実を確立するための協約に同意していない場合には、科学者は何ら権威を要求する地位にない。さらに科学は、「こうなるはずという」見込みと、「この条件が満たされればという」境界的条件を扱い、そしてその日ごとの仕事の多くは、それ以前のアイデアの反証に関わっているので、科学「から得られる結果」は一般に間違っている。科学が科学的真実を決定すると言うとき、我々が意味しているのは、その全てにかかわらず我々を信じてほしいということだ。なぜならそれが、我々が永続的に正しくあるための最善の道なのだから。そして、科学者が科学的真実を決定すると言う時に、彼らの側に聞こえるのは知的専制の随意な行使である。我々がどうやって信頼できる科学的知識を生産するのかについて彼らが根本的に不同意ならば、彼ら創造主義の論者に対しては何も確信させられない。

そして創造主義論者にとっては、戦場は認識論、概念論、神学の領域でなくてはならない。第一に、我々は近代の世界の中で何を知るようになったのか。なぜ実験は、燃えさかる藪からの叫び声よりも信用できるものとされるのか。第二に、生きているものと絶滅した生命形態のパターンの類似が共通祖先の一般的な程度を示しているというが、それは何を指し示しているのか、とりわけ神学的に？　全能の創造者は飽きてしまい、すでに使った全身の設計図を自分でまた使い直すことにしたのではなかろうか？　そして第三に、創造過程で短絡の経路を使うとか、あるいは世界が実はそんなに古くないのに、生命が進化してきたかのように見せかけをこしらえる神の根性はどういうものなのか？　そのような存在は尊敬に値するのか？

換言すれば、創造主義は科学の問題ではなくて文化の問題だ。

なお悪いことに、それをまるで科学の問題である「かのように」扱うことによって、我々、人類進化の同業者は、創造主義の論者に議事への口出しを許して、彼らの心も意図も真実ではないのに、うまく対抗できずにチャールズ・ダーウィンの高名を汚すだけだった。

まさに最初のダーウィン主義者の世代は伝統主義者と対決して、その負債を、すぐ後に続く科学者の世代が清算する羽目になった。ヨーロッパ人は系譜の上で類人猿と繋がっているはずなのに、そうした移行を実証する化石記録が欠けていた中で、それを信じさせる試みという課題に直面した最初期のダーウィン主義者――特にエルンスト・ヘッケル――は、巧妙な議論を展開した。類人猿との関係の証拠は、やがて将来の古生物学者から部分的には得られるだろうが、現在のところ関係性は非ヨーロッパ人種によって確立されているとしたのだ。ヘッケルは一連のグロテスクな顔つきの戯画を描いて、この要点を解説した。

換言すればヘッケルは、創造主義に対抗してレトリック上で得点を稼ぐために、世界の非白人の全的人間性をさっさと犠牲にできる利口な権力だった。(24) これが、この疑問から得られる教訓である。

ここで問題なのは、科学者側が事実上諦めてしまい、創造論者が彼らの真実を確信させて、この科学の方向づけを創造論者が主導するのを許してしまったという点にある。ヘッケルは大陸側でのダーウィニズムを主導するスポークスマンとして進化一般の証拠を司っていたが、彼が人々に関して論じた言説は、今では眉をひそませるものがある。現代の学者のうちには、世界の諸人種の創造的な脱人間化はヘッケルの念頭になかったという人もいるが、しかし彼らにとってヘッケルが実際の闘争の中での同盟者だったという事実は残る。(25) 他の学者たちは「実際の闘争」を多少違うふうに――祖先がサルだということに対する闘争ではなく、社会正義のための闘争だと――位置づけていて、彼らはヘッケルのダーウィニズムとダーウィンのダーウィニズムを区別する適当な道具を持たないまま、ヘッケルの進化理論を棄却すべきものと見た結果として、進化そのものを否認した。

ダーウィンのダーウィニズムはまず、そして何よりも、血族関係に関する理論だった。無論、聖書における人々が、アダムから由来するという議論（人類一元説）である最初期の進化理論を良しとした。というのは、一元説主義者はどのようにしてか、アダムの人種が何であったにしても、そこから他の人種が由来したと説明しなければならなかったのだから。(26) しかし一部には、対立理論であるポリジェニズムpolygenism（人類多元説）に惹きつけられた者もいた。なぜならそれは、奴隷制度に科学的な合理性を提供するように見えたからである——白人と黒人は分離して作られたので、それゆえ異なる血統であるというわけだ。他の者はまた、近代科学（一八四〇年代の）に合うということで多元説に惹きつけられた。地球と生命の歴史は聖書が示唆するよりもはるかに古いことを科学は示しており、もしかしたら黒人はアダムや白人よりずっと以前に作られたのかもしれない。そしてさらに他の者は、まさに神学的な革新性において多元説が魅力的であると認識した。その見方では聖書を、単に中東にたかだか数千年前に住みついていた羊飼いの田舎者が集積した説話と見做したのだ。

そうだとするならばダーウィニズムは、科学を倫理的に尊敬できるものとすること——この説の背景に潜む権利と自由と平等についての議論を与えること——もできただろう。この見方によれば、全ての人々に遠い昔の共通の祖先が与えられるのだが、しかしそれはアダムではなく、むしろ類人猿の一種としての祖先だ。しかし一世代のうちに、それはもっと愛国主義的で、無論軍国主義的であり、ヘッケルその他の「社会ダーウィン主義者」[27]——古生物学者ウィリアム・J・ソラス、政治科学者ウィリアム・グラハム・サムナー、そして社会学者ジョルジュ・ヴァシェ・ド・ラプージュなど——が信奉している変種によって、大きく取って代わられた。一世代の後には、彼らもまた順次、優生学者によって取って代わられた。彼らが目指したのは、アメリカの「胚形質」の小さな進化をコントロールすることによって、より良い社会を作ることにあり、それは実際に貧者に同意のないまま断種を断行し、イタリア人とユダヤ人の移住を制限する動きも引き起こした。外縁的な動きや偽科学からは程遠いところで、優生学は多くの主流の生物学と遺伝学から発言を引き起こした。最初の主要な遺伝学業界の内部からの優生学に対する批評は、一九二七年のレイモンド・パールと一九三二年のハーマン・マラーからやって来た。

これは連邦最高裁判所が合意なしの貧困者の断種を合法化し、そして連邦議会がイタリア人とユダヤ人の移住を制限する法律を通した後で、生物学者による推奨を経て行われていた。[28]

数十年後、市民権運動では進化生物学が公共の議論の中で果たさねばならない役割に関してかなりの議論が見られた。無論、黒人は白人より知性的に後発の進化をしてきたから、それゆえ完全な平等には値しないと議論する意図を持つ科学者がいた。[29]他の者は、生物学は単に社会正義の議論とは無関係だと論じた。一九七〇年代までに、進化を可能な限り倫理とは無関係で感情に引っかからないものとするように試みるのが普通のこととなった。生物学的人類学の本は、決まって人種の興味深い問題を避けて脇道に逸れ、もっと興味深くない集団遺伝学の話題を選ぶようになった。似たように、人間の生活における文化的多様性の役割――人間の生活をイデオロギー的に動機づけ、またそれを技術的に武装することなど――は、チンパンジーが文化を「持っていた」かどうか議論することによって覆い隠された。

しかしそれから社会生物学がやってきて、進化は再び意味豊富になった。不幸にも、その意味は再び、まさに優しいものではなかった。[30]今回のメッセージは非白人の亜人間性、あるいは彼らの非適応性に鑑みて貧窮者を断種する必要があるかなどではなかった。今回は善それ自体が幻想であるということだった。というのも他者に向かった利他主義が「実は」利己主義なのだが、それは本人の遺伝子に対するもの（利他主義が家族のメンバーに向けられた場合）か、互恵性が期待される状態のもとにある本人自身に対するもの（利他主義が非家族のメンバーに向けられた場合）だということだ。

少なくともある人々にとっては、それは昆虫の研究が示すように見える事柄である。また他の人々にとっては一見して利他主義と見えるものは、アイデアや人間の行動を通じてそれら自身を複製する「ミーム meme」の利己的な振る舞いの結果であることを示唆していた。人々が、それがするにあたって正しいことだから、そして誰もが人間社会の機能するメンバーとして学習する（それは、学習するように「進化した」、という意味である）必然性と期待値のセットが存在するから実際に互いに善を尽くす可能性「以外の」何かである。この場合、人間における利他主義の「進化」は、超生命体としてのグループの利益と生存のためであり、単に他の動物の利他主義の「進化」と同じプロセスの結果ではない。

それゆえ最初から、ダーウィニズムは自然の事実を単に転写するものではなく、同時に倫理に関する議論でもあった。そしてなお、それに関連づけられていた倫理性というのも、賞賛すべき顕著な特質であることは稀だった。進化が倫理に関する論議である理由はそれが血族関係についてのものだからであり、血族関係は文化的なものだ。そして文化的事物は倫理的な側面を持っている。そこで、歴史の教訓は以下の通り、つまり進化論を倫理的に受け入れ難いものにすることは、それが誘い出さなかったはずの創造主義のための議論を作り出すということになる。

倫理世界の中で仕事をする

いかなる人間社会においても、するであろうと想定されている物事があり、することを許されている物事があり、すべきでない物事がある。それらの間の違いを知ることが成熟である。子供はミスを犯すことができ、全面的に責任を取らなくてもよいが、大人は善悪を知り、善を選ぶことが必要で、そうでなければ社会的制裁のリスクを負う。もちろん地域的な慣習とタブー、そして丁寧さと尊敬と倫理性の考え方は場所によって変わるが、しかしひろく一定しているところもあり、社会の成員であるためには特定のルールに従わなくてはならない。もし従わない人物がいれば、我々はそういう人物を身近に置こうとは思わない。

このことは、ひろく適用可能なアダムとイヴの物語の読解を提供するかもしれない。そのクライマックスは主人公たちが以前なら気にしなかった二つの事実の認識と関連している——公共の場で裸であることと、それが間違っていることとである。[31]これは未成熟で素朴な状態から正誤の違いを知っている成長した状態への変容であって、一度それを知れば、引き返しはない。ここで三つの選択肢がある。ルールを学習しないか、学習するが従わないか、あるいは学習して従うかである。第一の選択である無倫理性は、夢想することはできるが決してそこから引き返すことのできない神話的な状態だ。その時にはあなたは何でもできるし、それに責任を持たされることがない。しかしいまやそれは子供と動物と外国人、そして原始の祖先に限られる。彼ら全員、最低限のルールを知らないという理由から、部分的に見逃されているに過ぎない。第二の選択である反倫理性は必然的に処罰、恥辱、そして追放につながる——カインの刻印だ。そして最後の選択である倫理性が、明らかな期待像、ルールと義務の負担を伴った正常な人間のあり方になる。言い換えると三つの生活様式がある。無倫理の生活様式（そこでは善い悪いが存在しない）、反倫理の生活様式（カインは彼の兄を殺しそれについて嘘をついた）、そして倫理的な生活様式である。それらが人間社会における成長によって経験された後では（善と悪の知恵の樹の果実——創世記三：五——中世以後の注解ではそれはリンゴと呼ばれたが——を食べた後では）、それは生活様式の選択からなる世界だが、無倫理という選択はもはや利用可能ではない。倫理的であるか反倫理的であるか、どちらかの選択。そしてもし後者を選ぶのならば、そこからの必然的な成り行きに対して、準備しておくことが必要だ。

もちろんこれは一つの起源神話だが、しかし生物学に関しては些末な起源神話である。要するに人間がサルから進化したなどと一九世紀まで、そしてそれからも誰も本気で考えていなかった。このことに最も関心を払った人々は科学者だった。アダムとイヴの話は、実際には起源神話としての基本的な目的をはるかに越えて機能する。それは、なぜあなたが善であるべきか、我々の一員であるために何が必要なのか、何が人間社会の最も基本的な要素なのか――我々のルールが何であるかを知り、それに従うことの説明をするものとなる。

あなたは、時には個人的なトラブルに引き込まれるとしても、正しいことをしなくてはならない。プロメテウスは我々に火の恵みをもたらしたが、その後そのせいでゼウスによって肝臓を毎日鷲に啄まれたように(32)。

それゆえ倫理的な生活様式は人間存在にとって根本的なもので、そしてそれは倫理的な行動様式の規範によって構成されている。規範は地域的には変化があるが、しかし我々が誰であるか、とりわけ「あなたが」誰であるかを決定する上で決定的である。

ごめんだ。我々は昆虫や猫を食べない、それらは食べられるにもかかわらず。それらは口に合わない。願い下げだ。ごめんだ。我々は、セックスしたいと思っていない誰かとセックスしない。これもまた願い下げだ。そして我々は自分の姉妹とセックスしない。もし彼女らがセックスを望んで「いる」としてもだ。それは信じ難いほど口に合わない。そして近親姦の虫食者に対しては、そういうのはここら辺りでやる流儀ではないから、もし我々と一緒に住みたければ行いを改めた方がよいと説明する。

科学に戻ろう。近代科学の成熟は科学が無倫理的な子供から倫理的な大人へと変容したことと関係している。それは二〇世紀の間ずっと続き、今もなお加速している。一九四五年は科学にとって二つの啓示が示された年だった。その第一のものは、アメリカの物理学者が大量破壊兵器製造に関わったことだ。それは彼らが主張するように殺戮と破壊に向けて、ただし善い理由のために使われたのだが。マンハッタン計画のリーダーだったロバート・オッペンハイマーは数年後に、「物理学者は罪を知った」と述べた。そして第二のものは生物医学界が、大きなグループの人々を生まれつき劣っていると判定し、彼らを差別し、彼らに対して断種をし、その基盤上で彼らを殺しさえしていたことに関わっていたことだ。我々はドイツ人が一九三〇年代と一九四〇年代に何をしたか知っていたが、アメリカでの一九二〇年代の対応物によって彼らが触発されたという事実と、真剣に対峙してこなかった。[33] しかし一九二七年の不名誉なバック対ベルの連邦最高裁判決では、市民をその意志に逆らって断種する権限を国家に与えたことが、最新のアメリカの科学的知識と専門家の証言にもとづいていた。[34] 一九三六年までにドイツ人は彼らがアメリカの遺伝学者に負うところがあることを、最も目立って活動的な遺伝学者だった一人、ハリー・ラフリンを名誉教授として表彰することによって認めていた。[35] そのことはニュルンベルク裁判で、ドイツ帝国の保健健康国家委員だったカール・ブラントについての弁護において分かってきたのだが、そのことは彼の助けにならなかった。* どのみちブラントは絞首刑になった。遺伝学者もまた同様に罪を知ったのである。

一九四五年以前には、神経質になりながらも科学が政治や倫理などの文化的事象から超然としていることに同意できた。だが結局科学と戦争状態は、マンハッタン計画のはるか前から、いつもつながりを持っていた。たとえば第一次世界大戦中には、ドイツの化学者フリッツ・ハーバー** は化学兵器を開発することで枢軸国の運動を助けた。特に毒ガスは大量死の原因の中に科学を組み入れることになるので、ハーバーの妻クララと、ハーバーの友人アルバート・アインシュタインは反対していた。クララは間もなくその件に関して自殺を図った。アインシュタインはついにはマンハッタン計画をスタートさせたフランクリン・ルーズベルトへの手紙に署名した。

倫理を欠いた科学というテーマは科学の初期以来の文学での懸念だった。フランシス・ベーコンの同時代人クリストファー・マーロウ***はフォースタス博士という名前の学者について書いた。この人物は学問が勧奨する知と力を求めるが、しかしメフィストフェレスに魂を売ることで、実験と観察の方法を手抜きしてしまう。その二世紀後にメアリー・シェリーはヴィクター・フランケンシュタインの物語を書いた。彼〔フランケンシュタインは製作された存在でなく、製作した人物の名前で、ここに言われる「彼」はむしろ製作者を指す〕は命を再生するための知識を得たが、この知識はそれを善く使うための知恵ではなかった。そしてそれからほぼ二世紀後にマイケル・クライトンはジョン・ハモンドについて書いた****。彼の欲望は恐竜で儲けることであり、彼の知への近道は彼の小切手帳であり、彼がほしい科学と科学者を買うことによって協力者に組み入れることができる。これらの登場人物が共有しているのは、「純粋知」が本当は科学者の唯一の動機ではないのではあるまいかという著者の疑念である。フォースタス博士は（トロイのヘレンとの）セックスを求め、フランケンシュタインは生命を求め、ハモンドと彼の科学スタッフは金を求める——他の誰をも触発するのと同じ三つの基本的動機である。これらの人々は

* カール・フランツ・フリードリヒ・ブラントはドイツの医師で、ヒトラーの主治医。一九三九年から精神障害者・身体障害者の安楽死計画、T4作戦を推進した。

** ハーバーはアンモニアからの窒素固定技術によってノーベル賞を得たが、毒ガスの研究と実戦の使用では多くの批判があり、ノーベル賞授賞でも反対の意見があった。

*** マーロウはファウスト伝説にもとづいて、悲劇『フォースタス博士』を一六世紀末頃に書いた。ここで求められたのは魔術という「禁断の知」で（科学の活動は、実態はもとより呼称もずっと後のものだから）、トロイのヘレンという古いギリシア神話の美女も、魔術で呼び出した。最後はメフィストとの約束に従って地獄に落ちる。

**** クライトン原作の『ジュラシック・パーク』でのハモンドは、ここで略述されているように、ここの議論によく合う金目当ての人物だが、映画版ではもっと「良識的」な人物になってしまっている。

我々よりもより利口で野心的だったが、実際にフランシス・ベーコンが「知は力なり」と言ったときに言及した力を探し求める点は共通していた。

それゆえ二〇世紀の後半までには科学者は、もはや科学の社会からの分離に訴えることができなくなった。原初の楽園の無倫理的な宇宙は、いまでは、感染させる梅毒を持ったグアテマラの娼婦をめぐる倫理／反倫理宇宙である。[36] この宇宙では、ヘンリエッタ・ラックスの細胞*を収穫していながらそこから生み出される富を彼女の子孫と共有せず、[37] 想像上の自然な不平等を現実の経済的また社会的な不平等を合理化するものと説明して提案し、[38] 血統、人種、健康、潜在している身体能力の情報と誤情報をほとんど監視もなく制御もなく売買できるものとして、直接消費者を相手とする遺伝学的サービスを開始し、[39] 人類にとっての本当の価値が生産者である多国籍企業にとっての有益性ほどには明確でないまま、遺伝的に調製された食物と精神医学的薬剤が生産され供給されている。

利害の対立の問題はもちろん古くからのものだ。利益を最大化するために真実との妥協を図ることが、結局は資本主義の活力の源である。そのセールスマンシップ、ショーマンシップ、そして売り方の工夫によって、搾取者は毎分生まれ、そしてそれは周知の通り全ての悪の根源である。それを科学と混ぜこぜにするというのか？ いったいこの件でどこが間違ってしまったのだろうか？

実際に科学と利益の交錯は、儲けの追求が真実の追求の質を劣化させるという道理を警告するイエスという伝統さえ見つけられるほどの、明らかな利害対立を見せている。異教の金・強欲の権化を引き合いに出してイエスは言う。「誰も二人の主人に仕えることはできない。……あなたは神と富（利益の神）の両方に仕えることはできない」[40]。

生命科学と倫理が分離されている状態を想像できる日々は遠くに行ってしまった。非科学者が倫理コードを科学の上に押しつけることは願い下げだ。しかし我々科学者は、近代科学の倫理性を形成するようには、全く訓練されていない。我々は前に試みた時のひどく間違った悪い轍の跡を持っている。我々ができる最良のことは、以前の企てが行ったものよりは愚かではなく悪くない進化科学の中に、イデオロギー的な位置取りを見つけることだ。とりわけ重要なこととして、我々は社会の皆に、それが何世代も前の邪悪なダーウィニズムではなく、もっとイデオロギー的に優しいダーウィニズムであることを確信させなければならない。

* ヘンリエッタ・ラックスは子宮頸がんで死亡した黒人患者。その患部組織から得られた細胞はHeLa細胞（ヒーラ細胞）として、一九五〇年代から分子生物学で当時先端の実験研究材料として普及し、新薬の開発などにも大いに利用された。

第3章

進化の概念

第1章では生物学的な進化を自然な相違の生成と定義して、同じ名前で呼ばれているいくつかの事象から、それを区別した。たとえば星の「進化」は、物理法則に規定された状態の移り変わりに関与している。黄色い星は、おそらく最後には赤色巨星となる。なぜなら星がその後に融合するべき水素原子を使い果たした時にたどり着くのが、この状況だからである。星の変容はとても予測のしやすいもので、少数の変数によって決定されている。「文化的進化」には、環境的な問題に対する直接的また意識的な答えの産出が関わっているだろう。そしてまた胚が最後に老人にまで変容してゆく「進化」は、物理法則によっても、あるいは生存の必要のいずれによっても決定されておらず、それ自体が進化の永遠の産物であって、ライフサイクルを規定している遺伝的プログラムが活性化することによって決定されている。

しかしこれらはいずれも、いまここで「進化」によって意味するものではない。ここではこの語を、子孫が生物学的祖先から違う具合になっていく、そのやり方を指して呼ぶために使う。ダーウィンはそれを、「変更を伴う血統」と呼んだ。もちろん血統と変更の関係を理論化するには多くの仕方がある。両者は異なる過程かもしれず、あるいは同じ過程の異なる局面かもしれない。変更は、血統との関係として見ると短命かもしれず、あるいは血統の方が変更との関係として見ると短命かもしれない。雄と雌には異なった役割があるかもしれないし、あるいは環境が生き残りのために課する必要に応じてさまざまに異なる種類の反応があるかもしれない。

適応

目につきやすい例として、生命体とその環境の間の適合を挙げよう。それを我々は「適応」と呼ぶ。アリストテレスは、適応は種が単にそういう具合に作られた結果であると信じていた。ダーウィンはそうではなく、さまざまの生命体（個体）がわずかに平均よりも良く適合する方向に向けて、生存と生殖が長い期間にわたって偏りを生じてきた結果だと論じた。これを言い換えれば、適応は奇跡ではなくて歴史の結果なのだ。

しかしそういう偏りは、自然の中でどうやって生じてくるのだろうか？ イギリスの大学者ハーバート・スペンサーも、同じような方向に沿ってものを考えていた。そして自分の言う「最適者の生存」という語句が、事実上ダーウィンの「自然選択」と同じ意味であることを、ダーウィンに納得させた。一八六八年には、ダーウィン本人も、『家畜化のもとでの動物と植物の変異』の中でこう言った。

この生命のための闘争の間に構造、体格、あるいは本能において何らかの有利さを持つ変異の保存。それを私は「自然選択」と呼び、そしてハーバート・スペンサー氏は同じ考えを「最適者の生存」によって、うまく表現した。(1)

しかしこの二つの語句の間には決定的な違いがある。もしスペンサーの言う「最適者」のみが生き残ってゆくとすれば、子孫の集団はとても高度に環境に合うように同調しているだろうと期待できる。というのも彼らは単によく適しているというのではなく、最適に適しているのだから。いわば、篩《ふるい》の目がたいへん細かい。他方で自然選択は、篩の目の相対的細かさについては何も要求しない。普通ではない環境下では最適者のみが生き残るだろう。しかし多くの場合には単に「より適している」者が生き残る。それは必然的に、もし最適者のみが生き残るとした場合に期待されるかも知れない生命体とその環境の間での適応が少しばかり足りないもの、いわば「取りこぼし」があることを意味する。そしてこの問題――どれほど正確に環境に対して調律されているかということ――が、進化の中で予想外の方向で持ち上がってくる一つの未解決の緊張であることは確かである。

アリストテレス以来の生物学者は、動物はそれが住む場所と適合しているという基本に疑いを持ってこなかった。アリストテレスはそうした適合を、人間が道具を作り出すこととの類比によって説明した。アリストテレスは一つの問いを提出する。私はどうやってこの木を切るのか？　人はこの問題を解くために鋸を作る。それが、なぜ鋸が木を切るかの理由だ――鋸は木を切るように作られている。理由なしに鋸を作り、そしてそれから、それで何ができるかを問い、そして思いがけずそれが木を切るのに適していると発見するという想像は馬鹿げているだろう。同じようにアリストテレスは、体の各部分は環境の問題に対処する解決として、特定の機能のために作られていると結論した。問題が最初にあり、身体の各部分はそれを解くために形作られた(2)。

ダーウィンの進化論はこの関係を逆転させる。身体の部品の方が使用法より先立って存在しており、適応に合うように単に手直しされただけだ。祖先からは不釣り合いな数の子孫が生じてきたので、特定箇所の部品が手直しされて少しだけ長く生き延びることのできた生命体は、単に手直しされただけである。手は、いったんサルの体重を支えるように開かれた。それから類人猿の身体を、地面に降りたときに支えるように修飾された。その後、人間では鋭い石やペン、あるいは野球のボールを保持したりするようになった。そして、体重を全然保持しないようになった。アリストテレスはそれを逆に辿っていったので、手は常に何らかの形でそこに在り（少なくとも我々の祖先が魚だったとき以来）、そして悠久の時を経て用法と形が変化したということになった。

それでもなお、生命体とその環境との間の適合が存在することはやはり明らかだ。ホッキョクグマは北極に適応しており、アメリカドクトカゲは砂漠に適応している。もし動物の生態学、行動学、あるいは解剖学を研究する場合には、それを避けることなく直視しなければならない。相似という立場から人体を研究するならば、人間の足は類人猿の足に似ている。しかし人間の動きにおける必要性から、重さを担う役割に応じて、いっそう安定で堅固なものになっていることを見逃してはならない。

結局のところ、適応するのは身体なのだ。身体は遺伝的には、正しい遺伝子が正しい時期にスイッチが入るようになっている。身体は発育の面でも適応する（不可逆的に）。たとえば身体は特定の特徴的なやり方で、低酸素環境あるいは酸素ストレスに対応して生育する。身体はまた生理学的に（そして可逆的に）適応して、たとえば紫外線、寒さ、あるいは擦過による刺激を受けると日焼け、震え、皮膚の硬化などを生ずる。

他方でまた、もし比較的な文脈で人間のゲノムを研究するならば、そこで発見されるものは全て、人間のゲノムがいかに類人猿のゲノムに似ているかということだ。あなたは足を見ない。ゲノムには足はないから。日焼けも震えも皮膚の硬化も見ない。そこにあるのは遺伝子だ。身体ではない。人間の遺伝子を人間の適応と対応させることは相当困難で、その事例はごくわずか、数えるほどしかなく、ゲノムの中に適応が信用できるような姿で発見されるというのも、およそ困難だろう。[3]

人間の環境圧への遺伝的適応で最もよく知られた諸例はマラリアに対するもので、一連の血液の病気の部類と、鎌状赤血球貧血*とサラセミア**を含む他の遺伝的変異もそこに含まれている。しかし人間の集団には通常それら自身の非適応的な固有の特徴があり、特に、他の遺伝病のリスクが上昇していて、それらは偶発的なもので、適応的ではない事が見られる。たとえば白人のオランダ系南アフリカ人の間でのポルフィリア変異（また別の血液病の一つ）は、一七世紀の入植者が持ち込んだ遺伝的遺物である。[4]

鎌状赤血球貧血の系統に沿って、アシュケナージ系ユダヤ人の遺伝子プールでテイ＝サックス病***（中枢神経の疾患）が普及していることは、ヘテロ接合の場合に結核または知能劣化を防御する遺伝的な適応であろうと示唆されている。[5] この説明によれば、キャリア（ヘテロ接合であるが発病しない遺伝子保有者）は結核に対してより抵抗力が高いか、または非＝キャリアに比べて少しだけ頭が良いことになる。しかし集団遺伝学からは、選択が働いたかどうかは明らかではない。というのはアシュケナージ系ユダヤ人でのテイ＝サックス病遺伝子は同一なので、強い「創始者効果」が示唆されるのだ。[6] この同じ病気がフランス系カナダ人とケージャンの間で発症率が高いことは同じ見方で解釈される。嚢胞性線維症****の遺伝子を持つことは、北方ヨーロッパ人では他の集団に比べて頻度が高く、これは各種の病気に対して抵抗性があることと関連づけられてきた。どれも尤もらしい理屈が言われているが、しかし確立されていない。[7] 嚢胞性線維症の原因となる多くの遺伝子の存在は選択の推論と一致するが、ある単一の種類――ΔF508がヨーロッパの地域では嚢胞性線維症遺伝子の四〇～八〇パーセントを占めている――は、確率論的な力と決定論的な力の間で複雑な相互作用があることを示唆する。[8]

要点は、我々はこれらの代替的な説明と、選択と、そして浮動との間を区別できた方が良いということとである。しかし通常は、最も鮮明に染められた遺伝的データを見ても、我々には区別ができない。通常、できる最善の判定は、ゲノムの示すある特徴が思っていたよりも斉一的で変化に富んでいないようだということ、そしてその相違のパターンがそんなふうに期待と違っている理由を推測することだ。

我々は遺伝学について、作用している二つの事実を持っている。第一に、身体が適応するのはそれらが実際に環境と相互作用するからということ。そしてゲノムは相互作用しない、少なくとも直接にはしないということだ。その結果として、解剖学者は目や手の精密なエンジニアリング〔作用の仕方〕を見ることができるが、ゲノムを見ている遺伝学者は仕事の際にエンジニアというよりも下手な修理屋だということだ。フランスの分子生物学者のフランソワ・ジャコブは有名な比喩でそんなふうに言ったこと

* 鎌状赤血球（sickle cell）は、赤血球が通常の扁平円盤でなく、三日月形に潰れたもの。赤血球内を充たすヘモグロビンの構成タンパク質鎖の一方（β鎖）で、特定の一個のアミノ酸が突然変異で置き換わり、その影響でヘモグロビン分子の形状、そして赤血球全体の形状が維持できず、溶血（血球の破壊）をもたらす。これが鎌状赤血球貧血。アミノ酸を指定していた遺伝情報の置換が、症状の究極原因である。ただしこの症状では赤血球の内部状態は侵入するマラリア原虫にとって不利なので、二個併存する遺伝子のうち一方のみに変異が起きた患者（ヘテロの変異状態）では（a）致死的でない貧血症状と、（b）一定程度のマラリア抵抗性獲得がともに得られる。ところが二個の遺伝子がともに突然変異している患者（ホモの変異状態）では、（c）貧血症状は致死的である。生き延びて遺伝子を子に伝えるには、「（c）よりも、（a）＋（b）状態の方が」可能性が高い。

** サラセミアは、ヘモグロビンのα鎖やβ鎖を担当する染色体の変異などによって、溶血性の病変が生ずるが、やはりマラリア抵抗性という理由から、原因遺伝子が、特にマラリアの流行地帯で残存している。

*** テイ＝サックス病は第一五番染色体上の遺伝子欠損が原因で、その結果、脳の神経細胞に有害物質が蓄積して破壊され、発病者は若年死亡する。中欧や東欧のユダヤ人社会（アシュケナージ）で家系に伝わる。

**** 嚢胞性線維症は、細胞膜の塩素イオン・チャンネルの不調から、分泌液体の粘度が高くて、各種の障害の原因となる遺伝病。原因遺伝子はユダヤ人のアシュケナージ家系で頻度が高い。

がある。[9] 第二に、ゲノムのまとまった単体は身体上に地図として描くことができない。人間は遺伝子を持っている遺伝的構造の単体であり、そして腕の単体部分である肘をもっている。しかし「肘の遺伝子」を持っていない。実際ヒトゲノム計画の完了から長く経っても、いまだに一次元的な構造のセット（DNA配列）から、四次元的な（体積を満たし成熟する）身体ができてくる仕方について知見の不足は目立っている。DNA（あるいは遺伝子型）は何かのやり方で身体（表現型）を指定しているけれども――このことはもっと早い世代では「単位形質問題」として取り上げられていたのだが[10]――遺伝子の要素は、どんな単純な仕方でも身体の各部分とは対応していないことが、長らくわかっている。

結果的に解剖学者は適応を、そして推論的にだが自然選択の見えない手を見ることができる。ところが遺伝学者は数多くのランダム性および歴史的事故で生じてきた曖昧さと、変動して変わる空間を見ることができるだけである。[11] 彼らが見るパターン、抱く疑問、そして頼る説明は、それぞれ異なっている。遺伝学者はこの中で、ほとんどのDNAの変化が良くも悪くもなく、変異は定常的に起きるがシステムの完全性の上で軽い圧に晒されており、そしてDNA配列は当然結果として劣化するので、ある程度の規則性をもって変化するだろうと期待されるようなゲノムを見ている。事実、規則性は二種の間で検出できる遺伝的相違の量が一般にどれほどの長い時間遺伝子プールが分かれていたかという時間的な指標として採用されるが、どうやって異なったように適応しまたは適応してこなかったかという指標としては採用されないということが期待される。[12] たとえば人間とチンパンジーを遺伝子で較べる際には、我々は両者のゲノムがどの程度似ているかを見る用意はできているが、行動や生態、人口統計学的、また認知論的に彼らが違っているかを見ているのではない。定常的な変異圧、また実際に身体的利益があると解釈されるようなたいへん稀な「真に良い」変異がもし無ければ、最近異なったように適応するようになった二つの動物のＤＮＡ配列は、たいへん似ていることが期待される。結果的に、それらのゲノムを調査するときには我々は相違を見つけることを期待するが、選択によって抑制されたために余りにも似ている配列を解釈する。なぜならそれらは機能的に、相違が蓄積するＤＮＡの他の断片より重要だからである。

場合によっては、ひどく違うＤＮＡ配列が同定されることもある。しかしその背後にある適応のストーリーはしばしば痩せ細っていて実質がない。$FOXP_2$と呼ばれる遺伝子は変異したとき、認知的な言語的能力を損なう。三個のコード配列の変異が人間の遺伝子とマウスの遺伝子の中で目立っていて、そのうち二箇所は最近の人類進化の中で生じた。なぜならチンパンジーにもこの変異は見出されないからである。それはたしかに言語に関連した遺伝子ではある。しかしそれは言語の遺伝子なのだろうか？ともかくアカゲザルとチンパンジーも同じコード配列を持っているのだが、しかし発音と認知的な特性はたいへん違っている。オランウータンでは独自のコード配列の変異があるけれども、何か明らかに特別のコミュニケーション能力を持つということはない。そして特有の人間の変異の一つは、それと並行して食肉類でも起こる。それゆえこの遺伝子に関して、漠然と認知的な言語的機能に「関与している」ことは強力に解釈できるが、しばしばそう表現されることもあるように、この遺伝子が、選択的に駆動された人間の言語のマスター遺伝子であるとは、比較的弱くしか解釈できない[13]。問題は、選択は表現型の上に起こり、そして遺伝型のデータは表現型的に翻訳するのが難しいということである。$FOXP_2$遺伝子をマスター言語遺伝子と考えることは、単位形質の罠に落ち込むことになる。

その一方で解剖学者は、違う種間での特定の観察可能な相違に焦点を当てて、それらを種間の適応の差違として説明する。類似には何の説明も必要としない。数多くの霊長類の種がどれも四足ということを採択し続けてきたという選択に、人は疑いを持たない。しかし二足への変化があると、その選択にどういう理由があったのかと、疑いを持つ。他の全ての霊長類で体毛が維持されていることには疑問を持たない。しかし一つの系統だけが体毛を失っていることに疑問を抱く。よく喋ることは明らかに都合が良いのだが、しかし喋ることのできない種は全て、体毛を維持する状態で間に合わせているように見える。我々は解剖学的な安定性を予期していて、それには何も説明を必要としないが、変化があればなぜかと問い正し、ダーウィン的選択という意味での説明を要求する。これと対照的に、遺伝学者は変化を予期していて、安定性そのものを問い直す。

進化的なデータへのこうした違う関わり合い方の意味は、誇張しすぎることが難しいほどだ。遺伝学者は、ほとんど同じに見える動物でもその遺伝子が掻き混ぜられていると見ることができる。たとえばテナガザルとフクロテナガザルというのがある。これらは両者とも「レッサー・エイプ」として知られ、いくつかの解剖学的な区別にもかかわらず、解剖学的なテーマにおける変数では、明らかに似た種類の動物である。しかしテナガザルの細胞では染色体は二二対であり、フクロテナガザルの細胞では二五対である。しかしこうした議論は彼らの類似性を誇張している。というのも、フクロテナガザルの染色体は、テナガザルの場合にその相当物がどれであるのか、同定さえできないのだ。なぜならそれらの間にはあまりにも沢山の再配列が生じているからだ。これと対照的に人間とチンパンジーの相同染色体では容易に対応を見つけられて、ほとんど完璧に同定可能である。ところが二二対の染色体を持つテナガザルの精子は、二五対の染色体を持つフクロテナガザルの卵を授精することができて、生きた雑種「シアボン」を生ずる(14)〔gibbon+siamang→siabon〕。染色体がシャッフルされる際に、遺伝子は比較的無傷のまま保たれており、DNA配列からのテナガザルの産出はあまり中断されないだろうという結論は避け難い。精密ではなく、大声で呼び合って間に合わせるシステムなのだ。

生化学的システムはしばしば、解剖学的システムが示しているように見える効率性よりも、むしろ余剰性を特徴としている。構造的に違いのあるタンパク質が他の種においても機能できる。生化学的な物質を扱う時には、形態は必ずしも機能をそう正確に追従しない。効率性と適応は、もしスペンサーの言う最適者が生き残るならば、期待されるものだろう。揺れ動く空間、余剰性、そしていい加減さが、もしダーウィンの適者が生き残る場合には期待される。どちらも存在してよさそうだが、要点は、単にある特定の特徴が実際に「工作で仕上げられた」適応か否かを前もって知ることは難しいということにある。

人類進化の研究者は、ある特定の特徴が今日どれほど有用に見えるとしても、強く裏づる証拠が無い場合に、特にそれが自然選択によってもたらされた適応だと仮定するのは賢明ではないと繰り返し指摘してきた[15]。有用性は起源を説明しない。というのもどのような特徴も、特定の文脈のもとでは異なる程度の重要性を引き受ける複合的な有用性を持ち得るからである。これは文化的進化において容易に可視的である。そこでは（有機体の進化へのアナロジーの限界にも拘らず）起源はしばしば知られていて、後の主要な有用性とは異なることが容易に示され得る。たとえば娯楽のための火薬、また核攻撃事態下でコンピュータを非中央化するための手段としてのインターネット。実際、特徴は新しい有用性を見つけ出してきた。人々の効率的な殺傷とか、ポルノグラフィのダウンロードとか。アリストテレスは鋸が特定の目的のために作られたとすることでは正しかったが、鋸は注意深く選択された文化的特徴だった。もし彼が衣服のように世間一般で使われる何かを選んでいたら、それは機能として、温度の維持（ただし我々は暑い時でも衣服を着る）、タブー（特定の身体の部分は他人に見られるべきではない）、審美性、物理的保護、あるいは快適性、そして社会的身分を相手に告げることなども含むので、彼の誤りは明らかだったであろう。古い特徴は複合的な有用性を持っていて、それらのうちのどれかは新しい有用性かもしれず、その特徴が主に何のために役立っていたのかという我々の受け取り方に影響を及ぼすことも可能で、それはその特徴が元来どのようなものとして始まったのかという出発点からは大いに異なっているかもしれないのだ。

古生物学者スティーヴン・ジェイ・グールドはそれを「ダーウィンの原理主義[16]」と呼んで、どのような特定の生物学的特徴も、その特徴のうち特定の一つに対する自然選択に起源を持つという仮定に挑戦した。適応は確立されたものよりも容易に見られる。そして生体は自分が持っているものを驚くほどうまく使いこなす。我々は適応的、非＝適応的、そして反＝適応的な特徴でさえも進化できる道筋を知っている。啓蒙運動以来の学者がよくやったように、すでに形のできた機械を自然の中に発見するか、またはつぎはぎ細工、つまり近代の分子遺伝学者がするように遺伝的要素を寄せ集めて正規の機能のある状態にもってくるかということは知的な選択であって、正しいとか間違っているとかいうものではない。両方とも、違うアプローチの仕方だが、生命の歴史の証拠と整合性がある。

たしかにこれはダーウィン的な進化を超えた知的な選択だ。それと言うのも、「適応」というのが以前の時代のもの、自然神学の知的テーマに戻ってしまうからだ。神の叡智を生物の形の工夫されたものの中に発見するというのは、ダーウィンが大学で学んだことだった。我々はある特徴が何を「する」のか研究することができるし、そしてそれが「どうやってそこに表れたのか」も研究できる。しかしそれが「何のため」であるかを問うことは、科学的疑問に必要ない多くの形而上学的追加を盛り込むことになる。何のためという問いは、それに理由があると仮定することであり、ある特徴にとって決定論的な選択を迫る姿勢であり、問題に対して最適解があるという前提だ。しかし実際には、あるものに対して理由など無いのかもしれない。ただ自然的な原因と使用、そして多くのランダムなノイズがあるだけだ。生命は鋸のようであるよりも、むしろ衣服のようであるのかもしれない。

種

進化論に対する集団遺伝学からの基本的な寄与は、進化を遺伝子プールの変容に帰してしまい、遺伝子プールの変容を少数の過程に帰するその力にある。これは二〇世紀中葉までに達成されて、進化の「総合理論」として知られるようになった。突然変異が集団の中に新しい対立遺伝子を作り、ダーウィンの自然選択が、環境を追ってゆく道筋の中で集団を違うものにしてゆき、そして結果として遺伝子プールとその環境との間に適合がもたらされる。遺伝子浮動は集団を、環境のあとを追うことなくランダムに異なったようにしてゆく。そして遺伝子の流れあるいは交雑が、二つの遺伝子プールを差違のいっそう小さい、均質なものにしてゆく。しかしここで二つのものが犠牲になっている。身体と種である。身体を遺伝子型とし、種を遺伝子プールに変えてしまったことで、二〇世紀中葉の生物学者は生理学の二つの重要な問題を将来の世代へと先延ばしにした。第一に、遺伝子型と身体との関係はどうなっているのか。前者はどのくらい信頼できる後者の指標であるのか。そして第二に、動物は互いを、どうやって同じ種の一部として同定するようになるのか。

二〇世紀中葉の偉大な進化生物学者たちは、これらの問題を存在しないものと定義することによって免れた。種を遺伝子プールに変容させることで、それは数学的に様式化できるが、動物を本質的にそれら遺伝子型の自動的に表出されたものに変えた。こんな具合に身体そのものの問題化に失敗することで、生き残りと繁殖を可能にする適応的な新しさの起源を問題化することに失敗した。それは、遺伝的変化はどのようにしてか新しい身体を創り出すはずという信仰条項として残った。その最も極端なヴァージョンにおいて、リチャード・ドーキンスは有名な言い方として、遺伝子が唯一意味のある進化的単位であり、身体それ自体は単に「巨大な場所ふさぎのロボット[17]」に過ぎないと議論した。

ダーウィニズムの基本的な教義の一つは、動物の変種や品種を互いに異ならせているパターンと過程、そして同じく動物の種を互いに異ならせているパターンと過程である。そしてダーウィンはたしかにそのことについてほぼ正しかった。高次の分類学的カテゴリー（哺乳類の各目〔もく〕）は、一般に下位の分類学的なカテゴリー（アフリカのサルの各属）が持つのと同じ種類の相違を持っている――身体の形においても、色、行動、染色体の数と形、DNA塩基配列においても。鳩、犬、あるいは牛でも、品種間の相違はより少なくて小さい。しかし鳩を小鳩から、犬を熊から、牛をアンテロープと違うものとしているのと同じ種類の相違である。しかしここに、一つの出発点がある。同種の動物はその種の他の個体を潜在的な配偶者として、または配偶をめぐって競合する相手と認識している。時には彼らは、他種の者と番って混血しようとして失敗する。しかし通常は、彼らは試みようとさえしない。猫は他の猫を相手として番いを作るが、犬や牛は相手にならない。

簡略化のために「種」と呼ばれる生物学的な単位があって、その中では動物たちは互いを番いつくりが可能な相手、あるいは番いの競争者として見るが、その外側ではそういうことがない。

三次元では、彼らは群（クラスター）からなっている。四次元では、彼らは分化する系統である[18]。必然的に、新しい進化的な系統の生成、あるいは種の分化には、番いを認識するシステムの発達が伴っていなければならない[19]。蝿の場合には、正しいダンスをするか正しいフェロモンを持つこと。チンパンジーの場合は、雌の生殖器のピンクの膨張。人間の場合は容姿が良く見えること。ただし人間を性的に惹きつけるいろいろな物——力、名声、立派な体、お世辞、空想、色っぽさ——は、チンパンジーにとっては意味を持たない。そして膨らんだピンクの生殖器は、我々には作用を示さない。少なくとも私には。

理論集団遺伝学の古典的な仮定では、相違の蓄積がどのようにかして系統を複数にする。すなわち遺伝的な量の相違がついには進化的な質の相違に転じるという状況を引き起こすということだ。集団遺伝学は遺伝子プールの変容をモデル化する方法を示したが、しかしここにはただ変容だけではなくそれ以上のもの、つまり複数になるということがある。ある地点で動物集団は、内部で個々のものの相互の違いが大きくなって、違っている両者は分離して、進化してゆく系統となる。一九四〇年代までに、進化生物学者たちは分化の過程それ自体を遺伝学においても地理学においても、そして時間軸においても吟味するようになった[20]。そして第4章で見るように一九八〇年代までには、主流の進化生物学者は進化の還元的な定義の限界を「時間を追っての遺伝子頻度の変化」として正しく評価し、小さな進化的な変異でさえも分化や新種の生成や、そして既存の種の単なる変容でない事柄に関わっているに違いないと認めるようになってきた[21]。

哲学的にはこのことは必然的に、種というのが共通の特徴を保有するということで定義される動物の等級（クラス）ではなく、互いに関連する部分からなる動物の歴史の要素的な単位だという認識を伴う。それをたとえて言えば、身体の成り立ちはただ細胞だけから作られているけれども、それは生物学の研究室でフラスコに入った細胞という内容物とは違うのだということになるだろう。身体の細胞は、それらの組織的、関係的、エピジェネシス的（後生的）な局面の特質のゆえに、互いに遺伝学的には同じであるにも拘らず、その当人（個体）を構成する[22]。同様に生命体（生物体）は、それら相互の関係性という特質のゆえに、種を作る。それはつまり、一つの細胞は始まり、終わり、再生産し環境と相互作用するということだ。身体はそのようにする。そして種も同じであって、それは始まり、絶滅し、種分化し、そして生態的なニッチ（座）を占める。それ（種）は、ある特定のやり方で関係し合う生命体からなっている。それはちょうど生命体が、ある特定のやり方で関係し合う細胞から成り立っていることとのアナロジーとなる——大きなフラスコの中身は違うけれども。細胞生物学者は長らく、自然界でのこうしたヒエラルキー的（階層的）な関係を認めてきた。(23) このヒエラルキーの考え方は、生命体が「単に」遺伝子型であり、進化が「単に」遺伝子頻度の変化であり、そして種が「単に」遺伝子プールであるとする考えを保持する還元論的な考え方に対して、貴重な代替案を許容する。

しかしこの「種」というのは、あやふやな中心概念であって、人類学での「文化」、そして遺伝学での「遺伝子」を思い出させる。それは違う文脈のもとでは違うものを意味できるので、最も馴染み深い動物の種類についてだけ、つまり有性生殖する動物についてだけは、適用がぴったりしている。それでもなお、それは明らかに何か実体のあるものを表示している。それは共通の遺伝子プールに関わっている真実な自然の動物の単位であって、遺伝学的、生態学的、歴史的にそれと比較できるようなものとは別個であって区別される。遺伝子プールの限界を確立し、空間時間の中で一つの種の枠取りをするのは、あなたがどの種類の動物かという、この知識である——少なくとも理論上は。それは実際には、種間交雑能力のある中間形態などの生物学的な問題、そして進化遺伝学を時には圧倒してしまう文化的な問題を伴って、多少複雑になってしまうのが常のことではある。(24)

古生物学は現存種の研究が扱うよりも少ない情報で仕事をする。生理学、社会的な行動、あるいは遺伝学なしに。もっとも近年では、絶滅した動物から得たDNAの研究という大きな例外は存在する。ただ古生物学は、それであるがゆえに生きている種の研究には欠けている一組のデータを持っている。それはつまり時間的な深度である。このことから、他のやり方では見ることのできない疑問が許される。種分化の過程は、種が存続する期間に比べてどのくらい速いのだろうか？　大量絶滅のような予測できない非適応的な過程は、生命の歴史上でどんな役割をもつのだろうか？[25]

後者の疑問は、実際にある実存的な哲学的疑問に打ち当たる。我々は何かの理由があってここにいるのだろうか？　我々の種について何か特別なことがあるのだろうか？　ここで再び、認識論的な選択がある。一方ではスティーヴン・ジェイ・グールドは、生命の歴史も歴史の常としてランダムさに満ちていたと議論した。ヒトラーがロシアを侵略しなければ、あなたはドイツ語でこの一節を読んでいるか、あるいは全く読んだりしなかっただろう。もし恐竜が六五〇〇万年前に死に絶えなければ、霊長類はおそらく進化してこなかっただろう。そして再び、あなたはここにいなかっただろう。これは種としての我々の存在は歴史的には当てにならず、どんな意味でも必然ではないと示唆する。しかし他方ではまた、自然界では平行進化がひろく見られると指摘する生物学者もある。これらの生物学者は、飛行は昆虫にも、爬虫類や鳥にも、そして哺乳類にも生じたのだから、知能は最後にはなぜ他のグループの種においても進化しなかったのだろうかということを問題にしている。[26]

三番目の項目としては、多くの種が進化によって生じてこなかった事柄というものがある——たとえば三本の手を持っている種、また念動力や不可視性〔いわゆる透明動物〕、触れるものを黄金に変えるミダス王の手。本当に十分長く待っていれば、いつかは黄金の延べ棒を排便する種が出現するのだろうか？　いいや、あなたの想像力は進化では制限要因ではない。何かがこれまで一度も進化してこなかったということは、これから進化できないことへの良い案内ではない。そして何かが一度は進化していたということは、もう一度生じてくるか否かの良い案内にもならない。もちろんこのような見地は、地球外生物学（宇宙生物学）に浴びせる一杯の冷や水である。そこでは生命が他のどこかで進化可能である／可能だったと想定している。そして知的なテクノロジカルな系統の進化が、この地球ではただ一度起こるのに三〇億年掛かったけれども、他のどこかで何かの種類の認識可能な様式で起こることを想定している。[27]

「ウォッチ・ザ・スカイズ！」*（宇宙異星人のためでなく、天気を見るために。なぜなら天候は、全てここで見上げる通りのものだから。）

　現実に戻って、種の性質はどうだろうか。それらは時間を通じて一定なのか、常に変わっているのか？　これは古生物学者ナイルズ・エルドリッジとスティーヴン・ジェイ・グールドが、一九七〇年代と一九八〇年代の一連の論文で提出した疑問であった。彼らはこのことに分断平衡という御大層な名前を与えたけれども、その基礎には種の性質についての基本的な仮定への問い掛けがあった。[28]種というのは、常に変わる外部環境に対して適応しているのだろうか、あるいは他の新しくてわずかにより良く適応した子孫種が取って代わるまで、始まった時のままでいるのだろうか？　どちらの場合にも、描写されているのは同じ一揃いのデータだ。あるときに動物Aが生きており、大変よく似た動物Bが、後の時代に生きている。切れている「点」の間を繋がねばならないのは明らかだが、しかし何がその結合の地理学だろうか？　AとBは異なった種を表すのだろうか？　AからBへ直線を引いても、それはAがBへと進化したことを示唆していないが、ある特定のやり方で、段々と見えない増し分によって進んでいったことは示唆している。それに代わる考えとして、種Aは時間を通じて一定であり、後続者の種B（両者は異なった種と仮定する）もまた時間を通じて一定だった。しかしBのAからの発生は種AとBの永続性に比較して短かった。八〇年の一生涯と比べた九か月の人間の妊娠期間は、一つの良いたとえとなる。揺り籠から墓場まで、当人が一つの実体であり続けていると想定すると、本人を作るのは一生涯に比べて大変短い時間しか掛からない。

分断平衡説の論戦で焦点が合わさってきたのは、祖先と子孫の関係の性質とパターンが発見されていないことだった。それらは押しつけられているのだ（分断平衡についての一般的な誤解に、それが高次の分類群の間の「ギャップ」の説明という趣旨を持っていると見られている点がある。たとえば爬虫類と哺乳類、あるいは魚と四足獣の間、あるいは鯨と他の偶蹄目の間のような場合に、そうした骨格の移行は、モルガヌコドン、アンブロセタス、ティクターリクのような属の化石の記録について多少とも知られているが、分断平衡説が論じているのは近い関係にある二形態の関係の性質について、そして種の性質についてのものだ）。

生きているものの間に見られる類似性のパターンには、共通の系統から出たという過程によって、うなずけるような説明が与えられるが、生きた種は全種のうちごくわずかな、ランダムに選ばれたのではない部分的なセットである。絶滅種は系統の跡を残さないけれども、類似性という痕跡を残しているのだが、それは系統の物語に変換されねばならない。[29] ある生物の特徴は化石として残ることができるが、生物どうしの関係は化石として残らない。関係は推論されねばならない。それゆえ種Aという生物が種

＊ Watch the Skies!（一九九五年）は、ホラーの調子も交えた連作フィルムの題名だが、NASAによる流星情報の普及解説のタイトルにも利用されている。ここあたりでは、すぐ次に「現実に戻って」と言っているとおり、あえてかなり脱線した議論を選んでいる。

Bの文字通りの祖先かということは、残念ながらおそらく決して知ることができない。しかしまさに知っていることから、それがあまり有りそうでないことは示唆される。もちろん多くの個体は、それら自体では再生産（生殖）しない。それに加えて、(1)系統のパターンは常に推定されたもので、発見されるのではない。そしてまた、(2)絶滅した種の標本例はたいへん乏しい。それゆえある種の文字通りの祖先である特定種の発見は、できるにしてもきわめて稀だ。それは一つの種のある個体が他の種のある個体の祖先であるよりもはるかに少ない。その代わりに「これがあれに進化した」と言うのだが、それは実は「どちらかと言うとこれに似ている何かがあれに進化した」を意味するので、その陳述（「これがあれに進化した」）は省略した言い方で、それは精密ではあるが必然的に正確ではない。

正確さを精密で置き換えた結果として困惑させる事態を招くことは、科学の中で知られている例がないわけではなかった。細胞生物学者たちは何十年間というもの、分裂最中の人間の細胞で染色体を数えようと試みてきた。ところがこれは、ボウルに盛ったスパゲティの麺を数えることに似ていた。四〇本後半の数ではあったが、「四〇本後半の数」と言うよりも、四〇後半の特定の数を唱えた。それはつまり四八本で、なぜならば一九二三年に、この分野で最も尊敬されていた研究者が、自分がその数字だと思うものを言ったからである。そこで一九二〇年代から一九五〇年代を通じて生物学の教科書では学生向けに、四八本の染色体が人間の細胞にあるとしてあった。正確な答えを知った研究者は、いつも四八本の染色体の全部を見ているはずだと自分に信じ込ませてきた。しかしこれは正確な数ではなかった。一九五六年に技術の進歩によって、四六本だけの染色体が正常な人間の細胞にあることを、科学者は見始めたからである。(30)

そして思い起こしてみれば、彼らがやっていたことは全て数えることなのである。

ここでの問題は物事の特質自体からは離れて、物事の間の関係性である。もしAがたいへんBに良く似て見え、Bより早くに生きていたとすれば、そしてあなたが生命の歴史の自然的な説明に参与していたとすれば、Aに似た何かがBに似た何かに進化したと推定することは、もしAそれ自体が正確にはBそれ自体に進化したのでなかったとしても、たしかに合理的である。

これは退屈な話だ。そう書くのも退屈なことだ。しかし「AがBに進化した」は起源の神話であって、それらの特徴と相対的な年代から外挿的に推定されたAとBの関係についての語り[31]、祖先と子孫についての語りだが、それに対して人類は常に興味があった。なぜなら祖先と子孫の物語は、彼らが誰であり、近い親戚、遠い親戚、そして他人の世界のうちでどこに当てはまるかを彼らに告げるからである。

それらの語りは常に重要で意味深い。俳優カーク・ダグラスと人類学者アシュリー・モンタギューにはどういう共通点があるのだろうか？　両者とも、自分たちを「民族的な目立ち方」が少なくなるやり方で再命名して、自分と祖先の間に少し距離を置くことを試みた[32]。系図が自分の意図に添っていないかもしれない世界では、自分で新しい祖先を創り出すことが必要なのかもしれない。初期のキリスト教社会では、イエスをイスラエルの真の王として確立しようと欲したために、彼の系統を聖書でのダヴィデ王から跡づける必要があった。そして違うキリスト教徒社会では、こういう系統のあとを別のやり方で追った。その結果として我々は今日二つの福音書を持っている。マタイ伝とルカ伝がまさにそれをやっている。彼らはイエスの祖先をダヴィデ王にまで遡って跡づけるのだが、世代の数が違い、名前もほぼ完全に食い違っている[33]。

祖先の物語は、単純な統計的な理由から、間違いなく神話的だ。祖先にはそれぞれ二人ずつ両親がいたので、世代ごとに祖先の数は指数的に増えてゆく。ほんの三〇〇年前には何千人も、直系の祖先がいた。そうした混沌を解釈するために人間集団がやることは、特定の祖先に他に優先して特権を与えることだ。ジョージ・ワシントンの直系の子孫であるという事実は、その当人がまた、非常に重要でない、または少なくとも彼と同じくらいには重要でない何千人もの直系の子孫だという事実よりはるかに重要である。そして率直に言って、あなたが実際に、直系の祖先であるジョージ・ワシントンと共有しているわずかなＤＮＡが、実際に彼の最良のＤＮＡである可能性はかなり低い。

祖先はそれゆえ起源神話である。それは生物学的データの世界を必要とするが、何らかのものを強調し、他の部分は捏造し、現在を過去に、意味のあるやり方で関係づける。そのようにする仕方はそれぞれの文化的な規則によって制限されている。そして進化も科学的な起源神話であるので、近代科学の境界を設定している自然主義、経験主義、合理主義の前提によって、制限されている。そしてもちろん生物学的、科学的以外にも祖先を理解する他の方法もある。そしてそれらの方法はおかしなやり方で交差しているかもしれない。

たとえば分別のある人なら誰も、分子ゲノミクスが聖書的な文献学や創造説になんらかの補強を与えるとは考えない。むしろそれらを二つの別個の事実と考える。第一に、まずゲノミクスは、そこでは金銭がしばしば決定的であるようなある種の科学だ。なぜならばそれは高度に社会化されているからだ。第二に、それは結果として、また違う部類の事実——生＝文化的な事実——を生みだす。こうしていまや、リクリエーション的な祖先調べに意味を持たせるための道具を手にしていることになっている。

リクリエーション的な祖先調べは繁盛している商売だ。rootsforreal.com のような会社は、あなたが

モーゼのY染色体を持っているかどうかを告げてくれる。すなわち、

コーエンの聖職者階級は聖書に出てくるモーゼと同じY染色体を持っていると考えられる。なぜならモーゼの兄弟アーロンがこの聖職者階級を創設したからで、その務めは伝統的に父から息子に伝えられる。デヴィッド・ゴールドスタイン教授と同僚のチームが創始した分析法によって同定されたコーエンのYの型は、聖書的な伝統と一致する。そして我々のデータベース調査を使った単純なY検査では、あるコーエンの男性が本当にコーエンY型を持つのかどうか確かめることができる。(34)

これは、モーゼがアーサー王やオデッセウスと同じくらい神話的な人物であるという事実とは関係がない。もし誰かが、あなたが狡猾なオデッセウスのDNAを持っているかどうか調べることができると言い張ったら、その人物の頭がおかしいと思うだろうが。特に聖書を考慮に入れた場合に、創世記五のアダムとノアの父系関係性、創世記二のノアとアブラハムの父系関係性、そして父系をモーゼとアーロンにまで広げる出エジプト記六から学び取った場合には、これはただ法をもたらした者のY染色体であるだけではなく、アダムのY染色体でもあるのだ。

シー。創造説論者に言ってはいけない。

いったい、ここでは何が起こっているのか?

それは祖先系図の重要性と、それが商売になる可能性についてのことである。もう少しばかり生＝文化的な事実を付け加えておきたい。第一に、科学者は出エジプト記を創世記よりも受け入れるつもりがある。ただしそれがなぜかは、私には定かでない。第二に、人々は苗字が同じ場合に（この場合はコー

エン、またはその派生名)、ランダムに選んだ人に対してよりも、遺伝的に似方が大きい傾向がある。第三に、自分がユダヤ教の聖職者の系統であると考える人々は、不釣り合いに多くが「コーエン」またはそこから派生した名前に命名されている。第四に、この物語は比較的無害である。というのもその消費者用産物には「娯楽的」というラベルが貼ってあるからだ。第五に、ユダヤ人は入り組んだ人口統計学的な歴史を持っていて、それは太古のパレスチナ、エジプト、そしてバビロニアからの起源物語を伴い、神話的な話さえそこにからんでいる。第六に、たしかにそのデータにはその他の説明の道もあるだろう。しかしこの解釈――コーエンと名づけられたほとんどの人々が持つというY染色体の形状は、聖アーロンのY染色体に由来している。アーロンはモーゼと同じY染色体を持っていた。なぜなら彼らは兄弟だったからという解釈――は、本当なのかもしれない。

もちろん、ここで作用している実際の科学というものもある。(35) 最初の論文は世界の先導的な科学雑誌である『ネイチャー』に掲載され、それは実際に「聖書の説明ではユダヤの僧位は、アーロンによれば約三三〇〇年前に確立された」と書き起こされている。『ネイチャー』に掲載した論文を「聖書の説明によれば……」と書き始める厚かましさには、私の帽子はどこかへ脱げて飛んで行ってしまう。ただしここには、DNA塩基配列の決定と、もっともらしい分析もある。ここで彼らは、モーゼとアダムのY染色体を発見できていたのかも知れない。あるいは似た苗字を持ったユダヤ人のサンプルは遺伝学的に似ていて、それは彼らのほとんどがユダヤ人の人口統計学的な歴史の複雑さのおかげで保有しているY染色体の位置取りがあることから起きた事態だということが発見できたのかもしれない。もちろん、もしそれが本当に後者の場合だったとして、誰がその検査を三〇〇ドル出してポンと買うことに興味を持つだろうか。

それゆえ世界で主導的な科学雑誌が、聖書の人物が実在した(もし奇跡的な悪疫や天国からのマナ、また海を割ることには参与していなかったとしても)という仮定から始まる論文を載せたことを気にしてはいけない——そして誰も目をぱちくりさせたりしなかった。もしモーゼとアーロンのではなく、実際にノアとアブラハムのY染色体を発見したと彼らが主張したらどうかと想像してみよう。その場合には、考えられるあらゆるフォーラムで科学警察がアラームを鳴らしていただろう(そして実際にそのデータからそういう主張もできたのだ。というのも上述の聖書での系図的な関係があるからだ)。要点は、これが同時に商売と神話学と遺伝学についての話になっていて、その縺れが解けないということだ。我々は遺伝学あるいはゲノム学が非文化的な、純粋に客観科学的な祖先の見方だと考えることを好む。しかしそうではない——一九九五年の古典、社会学者ドロシー・ネルキンと歴史学者スーザン・リンディーによって有名な探索がなされた『DNAの秘法、文化的アイコンとしての遺伝子』のように。これを科学というのは結構だが、しかしとても文化的な科学である。なぜならこれは祖先についての科学だからだ。そして祖先は人々の間の特権的な関係に関与している。そして正確に組み立てられているのはまさにこれらの関係である。それは人類学的なものであり、自然によって与えられたものではない(36)。

家族

我々には誰でも、祖先から受け継いだものがある。ただしそうして受け継いだものは、複合的であって、有機体的(生きた細胞関係)と、非有機体的(伝統、食器類)の特徴がある両者からなっている。有機体的な受け継ぎは、各人に個人としての境界を与えて異なったものにしている。誰でもそのDNAはわずかに違っている。それはまた我々を種として境界づけして異ならせている。それぞれの種でDNA

はわずかに違っているが、個体よりも生物学的パターンや区別の違い方がずっと小さい。

人間の集団は隣人たちと似ているが、やはり違いがある。我々は隣人のようにではなく、物事をより文明化された、感受的で精神的な方法で異なったように行う。対立の中で彼らとの違いが明瞭になる。彼らのやり方、喋り方が好きではなくても、それでも彼らと交易し、危機にあっては彼らに頼り、彼らとの恋に落ちたりもする。それは特に人間の物の考え方である。類似と相違の種類が問題となるような、ずれた、状況特異的で歴史的に生成されてきた考え方のせいで、彼らを似た者として、あるいは異なる者として想像する。類似と相違の最も基本的な考えは、誰が自分の家族の一員で誰がそうでないかについての決定にある。決定では、性的に、また結婚で利用可能な相手の選択が生じてくる。というのも、核家族のメンバーとセックスすることには広汎なタブーがあるからだ。そしてなお、誰が家族の一員なのかについての決定は、社会人類学者たちがひろく記録に留めてきたように、異例なほどのレベルの柔軟性に晒されている。

換言すれば、我々は誰が家族のメンバーで誰がそうでないのか知る必要がある。しかし家族は直線的な血縁関係（一般的に言って親であること）と、法的な結合（結婚、同居、そして養子縁組）との折り合いからなっているので、家族の境界はしばしばとても曖昧である。それゆえ我々は特別な規則でそれを明確にするが、それは遺伝的な関係とうまく重ね書きされない。しかし少なくともいまどうすべきかは知っている。

そして同じ問題が、もっと高いレベルでも発生する。家族は「特別に閉じた親戚関係」で、この親戚関係は、より広範な「親戚」の枠から、定義によって分離されている。そしてまた「親戚」というのは、問題のない自然な枠組みではない。なぜなら生物学的には、我々は全員が関係しているからだ。何らかの仕方によって、二次的の「いとこ」が親戚であり、しかし二〇次的の「いとこ」はそうでないと決めねばならない。あるいはもっと恣意的に、二〇次的な「いとこ」のうち一人（苗字とか、あなたのゲノムの核心的な断片を共有している）は親戚だが、他の二〇次的な「いとこ」はそうではないと決める。こうしたことから、自然／文化 natural/cultural から作り上げられた単位――家族、親族、人種、国家、種――の境界は部分的あるいは可変的な自然の性質によっており、部分的には想像的な垣根によっているわけだ。

歴史的には、人類の起源の語り（物語）は人類の多様性の物語に組み入れられてきた（前者がおそらく後者を説明する）。しかしこうした現代の相違についての科学的な物語は、いつも著者の社会的および政治的な環境によって副産物として生成されてきた。そこでダーウィンの『人間の由来』（一八七一年）は、もっと早い『種の起源』（一八五九年）よりもはるかに、ヴィクトリア朝時代の社会的先入観の書になっている。『人間の由来』では、有名だが最も遠回しな人間への言及以外は全てカットされ、その結果としてその後の全ての人にとって、はるかに読み易いものとなっている。

クレードとリゾーム

祖先関係の文化的な側面は、進化においてさえも、他の興味深い仕方で表面化している。遺伝子の流れの停止は、古典的には新しい種と新たに進化しつつある系統を示すので、古典的には種以上のレベルで、遺伝子プールは互いに離れていくのみと想定されている。なぜなら遺伝子プールは、遺伝子の流れや交雑を通じてさらに類似したようにはなれないからである。個別の系統が特定の環境の挑戦に対して二次的な類似したやり方で対処した場合に、表面上の類似は起こるかもしれない。しかし実際には、編蝙蝠は鳥と番えないし、イルカは鮫と番うことができない。結果として、進化の最も有名なイメージではツリーのようになり、枝は永続的に互いに離れて行くのみとなる。(37)

これはマクロな進化にとって有用なイメージだが、しかしミクロの進化に関しては、ツリーの他の部分を見なければならない——根のシステム系である。根は枝と違って、常に互いに分離してゆくとは限らず、しばしば互いに融合することもあり、個々の経路は描写がたいへん困難かもしれず、結び合ったネットワークが形成される。それらはいくらか分離して進化しつつあるものの、なお遺伝子の流れによって結びつけられた生命体の集団のようになっている。彼らは少しずつ分かれていくが、それでもマイケル・コルレオーネがマフィアから逃れようとするときのように、中へと引き戻され続ける。

この二つのシステムの間には重要な違いがある。互いに最も近い親戚である分離した種のグループはクレード clade であり、種以下の集団のネットワークはリゾーム rhizome である。クレードの中では、質問に対して簡明な答えがある。どちらが本当に最も近い親戚なのかという疑問に対して、最も近い親戚はいちばん最近に共通祖先を共有していた種というのが答えとなる。しかしツリーの枝よりも列車の軌道や毛細血管系に似ているリゾーム的なネットワークには簡明な答えはない。というのも、最近の共通祖先を共有していることが唯一の変数ではないからだ。どれだけ沢山、どれだけ最近にネットワークの他の部分と混血があったかということが関与してくる。

原則として、本当には種がそうであるように、常に分離して行くのではない系の中においては「最も近い親戚」問題に対して、答えはないのかも知れない。しかし実際には、違う質問に答えるためにコンピュータをプログラムすることはできる——どれに一番似ているのか？　そしてリゾーム的な系は、それがツリーであるかのように描写される。そうすると結果は、それらが実際にそうであるよりもはるかに進化的な妥当性を持っているように見えるということになるのかもしれない。

　そこで集団遺伝学のプロジェクトは、「たとえばアイルランド人がスペイン人とスウェーデン人のどちらとより近い関係にあるのか」というような問題を提出する。[38] そして彼らは一つの答えを得る。しかしそういう答えは、実際にはその質問の中で誰が国を代表するものとして採用されたのか（サンプルとするのは今日の実際のスウェーデン人なのか、または五〇〇年前の、我々が想定しているスウェーデン人なのか）、また彼らの人口統計学的な拡大と縮小、そしてツリーの構成のために用いられた特定のアルゴリズム――同様にまた遺伝子の流れの性質と程度、そして実際にその疑問の枠組みとして選ばれた分散――にもかかっている。あるツリーがその中で最後のものだけを表しているとする考えは、非常に希望的な観測に過ぎない。

「最も近い親戚」問題が言語や人工物のようなものに適用された時、並行する一つの問題もある。それは、基本的にはツリー状でないものが全部一緒になって、しばしば進化とテクノロジーに訴えかけることでツリー状の構造として歴史に押しつけられることがあまりに一般的に実行されているという点である。

　しかしより大きな問題が残っていて、それはこれが人類集団に適用されたとき、結果として疑似性のツリーが、歴史の上で統計学的に系統的ツリーとして不用意に解釈されるということだ。そして最も普通ではない状況は、我々がまとめているのが種か（その場合、我々は系統関係をうまく再構成できるかもしれない）、亜種と地域的な集団なのか（その場合には、おそらくできない）を、言うことができない時に存在する。もし人類化石の系統を「分割する」ならば、実際に種を扱っているような見かけでそれを行い、そこではクレード的な分析ができるだろう。ツリーは、分岐する歴史の良い近似になるはずだ。ところがそれらの化石を「ひとからげにまとめて扱う」ならば、全ての賭けは外れるだろう——なぜなら我々は、空間的・時間的にはるかに大きな規模でということを別にすれば、アイルランド人＝スペイン人＝スウェーデン人問題を扱っているかもしれないからだ。

近年、グルジアのドゥマニシで発見された化石は、我々が人類の化石記録の中でじつは強いリゾーム的な関係を二〇〇万年前まで遡って扱っていることを示唆している。[39] 何人かの人類学者は何年にもわたってこれを示唆してきた——アーネスト・フートンは毛細血管系の比喩を持ち出し、フランツ・ワイデンライヒと後にはフレデリック・ハリスは列車の線路を思い出させ、そして他の者は根系や網目の網にたとえた。[40] そして彼らがまさに正しかったように見える。化石をどうやって分類学的に配置するかは、人類の進化を一つのストーリーにどうやって作り込み始めるかで左右される。人類の進化を直線的に、数少ない種を伴いつつ我々自身で極点に至るように物語るのか、あるいは茂み状に、多くの種を伴っていたが一つを除いて全部絶滅し去ったと物語るのか。直線と茂み——そして中間には茂みふうの線というのがある——は、それぞれ人類進化の一つの語り（物語）であり、そうした語りの見方を理解することが、人類進化について明確に考えることの中心にある。

そこで、人類の進化は血族関係の理論——あるいは血族関係についての複数の理論のセット——であり、動物学を通じて全的には到達できない。人間のあらゆるレベルの関係性と系統の理論は生＝文化的な理論であり、厳密に自然的なものではない。

第4章

進化について非還元的に考える方法

二〇世紀中葉以来、集団遺伝学の厳密な数学的形式主義は進化過程の還元的な見方を育ててきた。種はその遺伝子プールに、各個人はその遺伝子型に、そして進化は時間を経た後の対立遺伝子頻度の変化に、それぞれ還元できた。集団遺伝学にもとづく還元的な見方は、ジョージ・C・ウィリアムズの『適応と自然選択』（一九六六年）とリチャード・ドーキンスの『利己的な遺伝子』（一九七六年）において極大に達した。

もちろん種は単に遺伝子が作用するフィールドではなく、生きている四次元的生命体は、遺伝子型だけからは予測できないことも多く、進化は単なる対立遺伝子の頻度の変化よりも多くのものを含んでいるのだと指摘する少数派の声はあった。たとえば細胞生物学者は、生命は階層的に構成されているという事実に長く取り組んできた。人間は細胞とその生産物だけから成り立っているとしても、人間の身体は組織化された生きた細胞であり、その組織化の性質を理解することは身体を理解する上では決定的である。また、一つの種は単に動物の集合体ではなく、動物の特別な種類の集合体である——すなわち集合している個体たちは、自分自身を潜在的な番いの当事者か番いの競合者と見なすことになっている。ここでも、ユニットの組織化の性質が高次の構造を創り出している。

進化生物学者エルンスト・マイアは、有名な一九五九年の論文において還元論的なパラダイムを「豆袋遺伝学」と呼んで批判してきた。[1] 同様に集団遺伝学者リチャード・ルウォンティンもまた、有名な一九七〇年の論文で「選択の単位」を唱えた。一九八〇年代までに、進化の還元論的な見方に対する大きな反作用が、古生物学者スティーヴン・ジェイ・グールドに主導されて進行しつつあった。[2]

進化の還元論的な見方に対抗する流れの中で、優れた発生遺伝学者のコンラッド・ワディントンの考えが再発見された（彼は一九七五年に死去）。ワディントンは還元主義の時代の中にあって、あえて弁解をしない全体論者であり、進化を階層的またサイバネティック的な枠組みの中で概念化した。彼が理想化して考えていた組織とそれらの間の相互作用は、標準的な還元論的なモデルよりも複雑であり、もしかしたら彼の同時代人に少し腰を引かせてしまったのかもしれない。それにも拘らずワディントンの進化のシステム的な考えは、代替案よりも大いに実態に近く、近代の人類の環境を考える上で、また進化過程を考える上で有用な枠組みを提供していることがいまでは明らかである。[3]

ワディントンは過程の階層的な構造を想定していた。そうした構造はすべて結局のところ、祖先と子孫の間で生じてくる遺伝的なずれから生じてくる。[4] しかしワディントンは、生命体（個体）を遺伝子よ

＊エピジェネティック Epigenetic は、元来は遺伝子中心の「還元主義的・機械論的」な生命理解への対抗姿勢のもとに位置づけられた。「二重らせん」以前に、個体発生における自律性・調節が「数理的・物理的」に明快に説明しにくいなどの生命理解の困難をめぐって、「機械論」の可否が主に「思想的」に論じられた時点では、実験事実に立脚した機械論の限界の指摘者として機械論陣営からも随一の（唯一の、に近い）論客として認められたのがワディントン（Conrad Hal Waddington、一九〇五‐一九七五）だった。彼の遺伝子観は基本的にはダーウィニズムだが、DNA配列がある特徴（遺伝形質）を決めるという一対一の対応だけにこだわるのではなく、形質の発現で影響される細胞内の状態から個体全体の生存の有利・不利まで、システム全体（本章図1）を見渡して判定しなければならないという立場に立つ。なお分子遺伝学の研究の先端でも、この用語が便利に、意味はかなり異なって、また思想的な膨らみは「痩せ細って」頻用されていることだけ付言しておく。

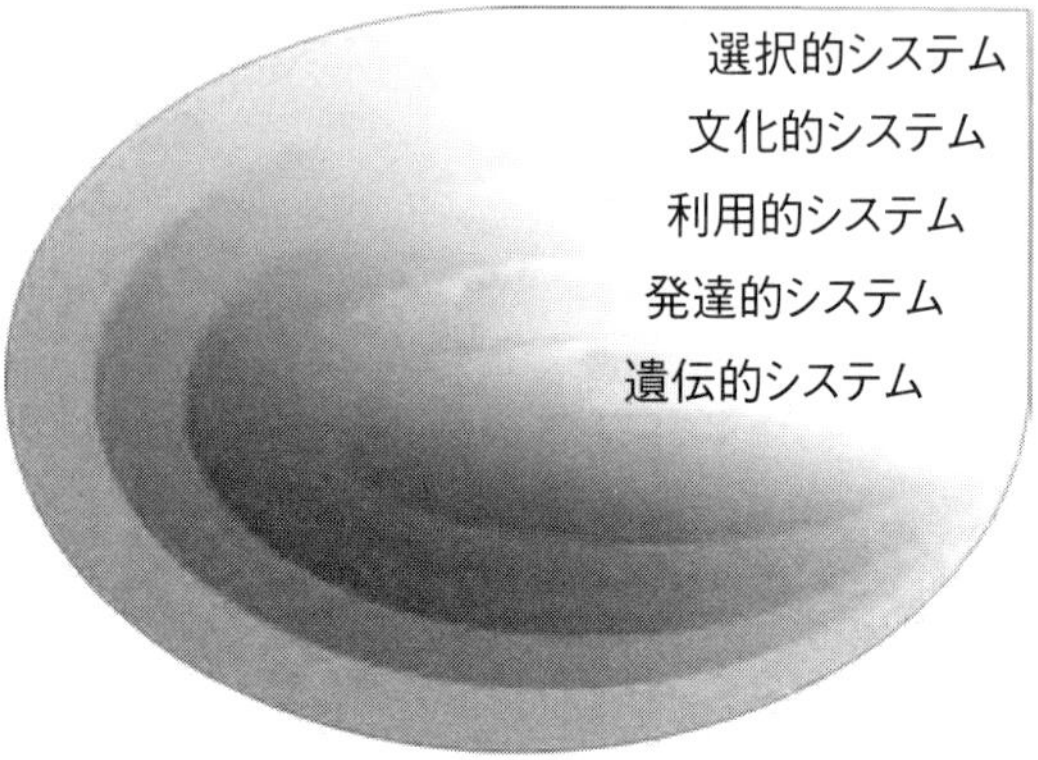

図1　階層的な進化システム

りも中心に置いていた。彼のモデルは生命体から始まっていたが、それは一定状態に止まっている動物というものを出発点としたものではなかった――むしろ「進化の過程を実行している生命体それ自体が過程であるということ[5]」が出発点だった。ワディントンは意図的に、動物に自分の棲みつく場所を選ばせ、そこに棲んでいることによって、動物がこうした住居を変容させるという主体的な作用を果たすきっかけをつくった。彼はこの生命体と環境との関係を「利用的システム」と呼んだ。動物が育ち成熟するにつれて、彼らは適応し生き延びる能力を試す特定のストレスに直面させられた。発育が進むにつれてのこうした潜在力を、彼は「後遺伝的（エピジェネティック）*システム」と呼び、特定の環境下で特定の方法を発達させることで生き延び繁殖する能力を「自然選択的システム」と呼んだ。ワディントンは「遺伝的システム」における変異を通じて、こうした「選択された潜在力」が（特に進化過程の階層でつながりとなっている箇所に関して）最終的に手直しされてゆくことに注意をうながした。

　ワディントンの進化への見解で目立つ特徴は、(1)進化における概念的な単位は階層的な関係で重なりあっていること、(2)生物体はニッチ（生態的な棲み場所）に棲みつくのでなく、部分的にはニッチを自分で作り出すこと、(3)生物体は常に成体であるとは限らず、彼らの棲み場所の特定環境に対応して発達してゆくこと、(4)生物体はそうした発達的な応答を作り出す能力に関して生理学的に変化するということである。こうした事柄が順番に関係し合って、生存と生殖の重要概念となっている。

その結果として生じてくることは、ワディントンのシステム的な進化理論の拡大と修飾である。ここでは人類進化の過程を五つのネストしたシステムである遺伝的、発達的、利用的、文化的、そして自然選択的なシステムとして考えてみる（図1）。これらのシステムは境界づけられたり区画されたりしておらず、互いに相互作用し、互いを包含している。しかし進化をこのやり方で見ることは、古典的な還元論的なモデルが実は単に進化を理解する出発点に過ぎないという点を確立する助けとなる。

遺伝的システム

このシステムは新しい遺伝的な変異を生成し、進化というものの細胞的な基礎をなしている。一九五三年にDNA構造が発見され、その結果としてゲノム構造が明らかになったことから、いまでは、遺伝の変化が生成するもっとも基礎的な方法がわかっている。遺伝の変化は、遺伝子における変化によって生ずる。遺伝子はゲノムの中での機能の単位だ。ゲノムはDNAでできており、遺伝子は、機能を持たないかあるいはきわめて限定的で隠れた機能しか持たないかのどちらかであるDNAの太洋の中に埋め込まれた島である。

ゲノムのうちでわずか二パーセントほどが、RNAの仲立ちを介して「タンパク質をコード（暗号指定）する」という古典的な遺伝的な意味で、実際に機能を果たしている。DNAのうちかなりの部分は不明瞭な機能を果たしていて、ＲＮＡへと転写されても、実際にはどんな明瞭な物理的意味も発現しない。しかしゲノムの大部分は遺伝子の状態のまま、あるいは遺伝子と遺伝子の中間に横たわっていて、タンパク質へと翻訳される前に、ＲＮＡ転写物から削除されてしまう。結果としてこれらの部分は、伝統的にはたいへん限定された価値または有用性しか持たないと見做されてきた。ただし細胞がそのいくらかの部分を、まだよくわからないやり方で使っている可能性はある。(6)

二筋の進化的な証拠が、このゲノムの理解に向けて集まっている。一九六〇年代までに、人間の糖尿病は牛または豚の膵臓から取り出したインスリンの注射によって治療できることがわかった。ホルモン分子の間に多少の構造の違いがあるという事実にもかかわらず作用は発揮されるのだ。牛のインシュリン分子は正確に牛の生理学に向けて調律されているというには程遠いのに、人体の中でもよく作用を果たす。これは結果として遺伝子システムには大幅な許容の余地があることを意味しているように見える。こうした発見は、遺伝的システムは自然選択によって厳密に機能調節されていると仮定しないでも十分理解されるべきだということを、経験的に示唆した。つまり「非＝ダーウィン的進化」として見ることができるということである。(7)

さらにまたゲノムは、生物体を生ずる際あまり大幅な変化を受けずに混ざり合う。このことは第3章で「シボン」の例で示した。このような早期のゲノム研究のデータという土台に立って、分子生物学者フランソワ・ジャコブは有名な議論として、遺伝的進化はエンジニアのようにではなく、何でも屋の修繕職人のように振る舞うと議論した。その際には人類学者クロード・レヴィ＝ストロースの神話研究から得たインスピレーションを引き合いに出した。(8) レヴィ＝ストロースが言うには、説話の語り手は冒頭から最適な物語の筋を組み立てるのではなく、利用可能なモチーフとふさわしいテーマを不細工に継ぎはぎし、それらを試し、どの部分が一緒に良く作用するかを見て、結果として聴衆にとって親しみやすく共感できる物語を編み出すのであり、そこには必ずしも能率的に、簡潔に、あるいは完璧に全部が揃っている必要はないのだと言う。これと同様に、自然は機能的で、冗長で、準最適的な遺伝的システムに働き、そしてそれらを自然の性質を以て他の新奇なシステムへと変えると議論した。それゆえ少なくとも遺伝学の立脚点から見る限り、我々は進化をエンジニアとしてではなく、「器用仕事屋」、あるいは不器用な職人として比喩的に見るべきである。ギボンとシーマングの両者のゲノムは機能する。それらはまさに根本的に再編成されなおした遺伝子をもって、それを行うのだ。[9]

それゆえDNAは、一九九〇年代のヒトゲノム計画の誇大広告にもかかわらず、ある決定的な理由でその青写真とは違っている。DNAの大部分は生物体の生成に関係がない。しばしば明らかな悪い影響なしにそれを掻き混ぜ、ある大きな一部分を切り取ることさえできる。DNAは精密に調節されていないし、正確に機能を発揮するようになっていないし、良く適応してもいない。DNAはひたすら生物体がやったように割り振られた仕事を行う――ただし同じ終着点に至るのに、たくさんの遺伝的な道がある。

突然変異は細胞の中のDNAに対する変化で、通常それらは何も問題にならず、単に種の中で長い時間にわたって蓄積する。その理由は大部分のDNAの機能が限られていることにあり、その機能を変えても、それによってDNAを抱えこんでいる当人は良くも悪くもならない。機能する遺伝子の中に起こる変化は、その持ち主を改良するよりも悪くしそうだ。その理由はただ、生命の長い歴史にわたって、ゲノムは機能する身体を作り出すように進化してきたということにある。機能している機械にランダムな手直しを施して、機械が改良されそうな見込みが少ないのと同様に、ランダムな変化でゲノムが改良されそうにはない。突然変異がX線の透視が検査結果をもたらしてくれるよりも、むしろ癌の原因になるかもしれないという理由は、この点にある。有機体的な「機械」を、人間が仕事として作った機械装置から区別するものは、自然の中に見出されて効率的な機械装置の働きの対極に位置する、「いい加減さ」の程度である。青写真をランダムに変えてみれば、機械は最大効率で働くような指定がされていなくても、もともとそのためにだけデザインされたようには動作しなくなるだろう。

その結果として、違う種同士の間でDNAを比較するとき、ほとんど常に非＝コード部分の遺伝子DNAに、コーディングの遺伝子DNAよりも多くの変異が見つかる。そして遺伝子の中では異種の間で、DNAタンパク質産物を変えない領域または場所で、タンパク質産物に変化を生ずる場所よりも多くの変異が見つけられる。ただしこの形の比較では一つの種類の突然変異だけを測定している。これはヌクレオチドの置換、つまりDNA中のA、G、C、またはTが別の文字に変化するものだ。一九八〇年代以来、DNAが変わるにはもっと多くの方法があることが明らかになってきた。たとえば反復した短いDNA配列の鎖、また大きなDNA配列がそっくり挿入あるいは削除されること、またはある遺伝子のDNAを、その脇にある遺伝子配列を変えるための雛型に使うことなどである。

その最終の結果は、生物体の生理学とか解剖学の上に効果を持っているかもしれない新しいDNA配列が生まれるというだけのことなので、実際に環境と相互作用するのはその生物体であって、遺伝的システムはそこまでは行わない。

発生的システム

一九三〇年代の遅くまでに、ワディントンは個人から個人に引き渡されてDNA配列の中に存続している遺伝的な相違と、同一人物の中で遺伝的な斉一性にもかかわらず細胞から細胞に渡されてゆく遺伝的な相違を区別していた。両方の相違のパターンは、変わらないままで遺伝する稀な体細胞変異を別とすれば、身体では一個の受精卵から有糸分裂によって発生を続けるが、その間ずっと、遺伝子型は同じで一定している。そして筋肉の細胞は筋肉細胞になり、神経細胞にはならない。しかし後遺伝的（エピジェネティック）なシステムの性質は、遺伝的システムより流動的なものであることがわかってきた。そして一九六〇年代における分子生物学の勃興と一九八〇年代のヒトゲノム計画は、後遺伝学的な疑問を置き去りにした。しかし人間と、フラスコに入っている六〇キログラムのヒト細胞の間には、何か根本的な相違がある。その相違の性質、そしてその進化の中での役割の研究は、後遺伝学、あるいはワディントンが呼んだ言い方で呼べば「発生の因果的分析」である[10]。

細胞はどうやって身体を作るのだろうか？　特定の遺伝子の配列をオン・オフし、そして子孫の細胞にもそのやり方を確実にその通りに続けさせることによってである。後遺伝の生化学は、遺伝子の制御の中に、そして細胞を特殊化させてそれを組織化し、そういう情報を細胞分裂の仕組みによって娘細胞に伝達される、その仕方の中にある。後遺伝の決定的な局面は、二つの同一のDNA配列を持つ細胞が違って見える行動を実行できるようにプログラムできること、そしてそういうプログラムが細胞の世代を超え、また生物個体の世代を超えて維持され続けることにある。それだけではなく、生存のありかたは細胞の後遺伝的なプログラムに影響を与えることができるので、生存状況（たとえば環境）が身体の細胞の発生の上に影響をもち、それによってDNA配列とは無関係な生物体と環境の適合を作り出すことができるし、それがあたかも遺伝的であるかのように定常的に遺伝してゆけるように見える。それゆえ身体は、受動的で定常的というよりも、反応的で動的と見ることができる。

後遺伝学は、DNA配列が見過ごす身体の二つの特徴を強調する。第一の特徴は適応可能性で、身体が発生の途上で環境の攪乱に対応して適合するという特質である。[11] この特質のいくつかの例は低酸素状態、日焼け、皮膚の硬化など、第3章で記してきた。第二の特徴は「運河化」というもので、身体が環境や遺伝の変異があっても、それでも発生を遂げてゆく「正常な」道を見つけるという特質である。一九五六年の有名な実験の中で、ワディントンはショウジョウバエを発生の途中で化学的に中断した。ハエは大部分が死んだが、少数のハエは第二胸節という不可思議な状態を発達させながら生き残った。これは新しい突然変異ではなく（突然変異ならば一匹の蠅だけに起きるはずで、この状態を模倣する突然変異もある）、ハエ卵がさらされている空気環境内にエーテルが存在することで刺激された、違う発生の道筋だった。ワディントンは人為的に、そうしたハエが発生経過の調節を生じてくる状況を選んで、まもなくエーテルという環境刺激の下で定常的に二重胸の表現型を発達させるハエ系統を得た。彼は適応の生理学的特質を得ることに成功し、適切な刺激下で生理学が奇妙な発生経過をたどることで、単に死んでしまうのではなく生き延びるようなハエの系統を得た。それからそれらのハエをさらに低いエーテル濃度下で繁殖させ、選択して、やがてエーテルが全然なくても二重胸表現型を発達させるハエ系統を得ることができた。運河化のための選択がなされた結果として、そのハエは「新しい正常」を見つけたわけだ。[12]

これはラマルク的遺伝のパターン、あるいは獲得形質の遺伝を模倣するように見えた。しかしワディントンはそのパターンをメンデル的な過程によってきちんと説明した。それに関与する遺伝子は、還元論的な集団遺伝学が見てきた表現型のための遺伝子ではなく、生理学的に調節する能力のための遺伝子だった。実験の最初の局面では、彼は、有毒な環境下で死ぬことなく奇妙に発育させる遺伝子を持っているために生き残るハエに注目して、そうしたハエを選んだ（適応可能性）。そして第二の局面では、奇妙な表現型が正常な道筋となることを許す遺伝子に注目して、そういう遺伝子の選択を行った（運河化）。

これらのアイデアはどのように人間に適用できるだろうか？　我々の最も基本的な特徴である二足歩行について考えてみよう。遺伝子が直接表現型をコードしている還元論的なモデルの下では、二足歩行性は、立ち上がらせるような突然変異が相次いで固定され、徐々に実現してきたという想像も可能ではある。四五度の角度で四足歩行する祖先がいて、その子孫に六〇度の角度で歩くことを許す突然変異があって、それが今度はその子孫に七〇度まで起き上がることを許す突然変異があり、そして最後に完全な九〇度の直立歩行に至ったというような具合だ。こうした全てのことにはおそらく骨盤、膝、脚、脊柱、そして頭蓋基底を並行して変えてゆく次々起こる突然変異の蓄積が伴っていた。

しかし問題は、そのような中間状態は決して存在しなかっただろうということだ。化石記録の中で、そんな状態は明らかに確認できない。類人猿は通常は四足で歩くが、時々二足でも歩く。短い距離にわたっての不器用な二足歩行だが、四足歩行とは別個に行われていて、両方のモードとも彼らの移動のレパートリーの一部だ。長くではないが、したい時には二足でも歩くことができて、我々自身の祖先も同様にそれができただろう。結局二足歩行の進化は、新たな特質の獲得としてではなく、可能な歩き方から、避けがたい歩行のやり方への移行として考えられねばならない。それはつまり、祖先は二足で歩くこともできて、事実上それはいろいろあるうちの選択の問題だが、今の子孫には選択の余地がない。

しかしいま、経験的な問題の代わりに理論的な問題が待っている。というのもそれはまさに起こると想定されていないからだ。あなたが人生の中で行う選択はDNAの中に書き込まれるが、子孫に受け渡されない。あなたはレッドソックスに味方することを選べるかも知れないが、子供たちはヤンキースに味方するかもしれない。DNAを受け継いでも、その手直しはできない。それは身体的な突然変異のようなものだ。五〇世代目のマウスの尻尾を切り取っても、五一世代目は最初と同じように長い尻尾を持つ。なぜか？　なぜなら尻尾を変えても、DNAを変えなかったからである。歩くという選択はどうやって遺伝的に起こったのだろうか？　ワディントンのアイデアはここで有用である。

頻繁に立ち上がって歩き始めた祖先は、おそらくその骨格の上に違うストレスを覚えただろう。たとえば重心が、骨盤の前方ではなく骨盤の真上にあったし、その足は身体の後ろ半分の重量ではなく全体重を担っただろう。これらのストレスは脊柱の腰部分の湾曲のように、全身の発達を修飾する結果となっただろう――二重胸節のショウジョウバエを思い出させるが、それほど奇怪な姿ではなかっただろう。早期の人類のうちでも、ある人は他の者よりもこうした骨格の調節が良くできて、これは適応可能性への自然選択となっただろう。次に、「新しい正常」への自然選択――運河化――が、こうした特徴の発生途上での出現を助けただろう。たとえば身体の特徴に影響する突然変異の固定化を促す方向づけがあったかもしれない。さらに、二足歩行は決定的に人類において学習された行動だが、それを事実上遺伝的な過程としてモデル化するには、定常的な一組の行動のための突然変異としてではなく、一つの発生システムとして考える必要がある。[13] 事実、魚から四足動物への移動方式の移行の場合にも、これと並行した議論ができる。[14]

遺伝的システムと後遺伝的あるいは発生的システムの関係は、また高度に政治的でもある。第1章では、メンデル遺伝学の最初と言える教科書のさわりの部分に「生き物は作られたのでなく、生まれたのだ」と書いてあることを見た。その真否はともかく、これは明らかにかなり生＝政治的な内容の言い方だ。祖先から自分の遺伝子を受け継いでいれば、彼らの遺伝子以上のものということになるのだろうか？　世襲的な貴族政治の頂点にいる人たちがそうではないと考えたがることは間違いないだろう。もし自分が祖先の単なる再構成に過ぎないのであれば、高貴な系図を持っていることが、世界の残りの部分に対する優越性を確立する上で必要なことの全部である。この思考様式は、いつも科学の中にあった。一九世紀の終わりまで、生物学は二つの生＝政治的な見解の間で非常に二極化していた。生物学者アウグスト・ヴァイスマンの追随者は自分たちを「ネオ＝ダーウィニスト」と呼び、生殖細胞が世代間の関係を構成しているとし、身体（ギリシア語でソーマ）は単に細胞的な行き止まり点だとした。それゆえ「生殖細胞の継続」を通じて、人は単に祖先の再構成された産物ということになる。これは、一九世紀末のヨーロッパの政治的な保守層に強く共感された議論だった。しかし、もし単に祖先の再構成でないとしたならば、その場合あなたはそれ以外に何でできているのだろうか？　左に偏向した政治的見解を持つ科学者たちは、人間存在を形作っているそれ以外の研究すべきものを見つけた。特に文化、親の状態、生物学的な環境の直接の影響である。氏（うじ nature〔遺伝子〕）と育ち（nurture）――シェイクスピアの『あらし』からの、響きのよい対語――は、互いに対立するものとして位置づけられた[15]。

これら「ネオ＝ラマルク主義」の遺伝学者たちは、人は決定的養育と環境の産物であると主張した。その最後の一人となったのはパウル・カンメラーという名前の生物学者だった。彼は一九二三年に、「獲得された退化の傾向を避けること」を人間種族に教えたいと望んで、アメリカに講演旅行にやってきた。彼の研究は我々に「人種的嫌悪の根絶」を許すだろうということだった[16]。たしかに高貴な思想だが、彼の研究題目であるヒキガエルの番い習性から導けるような事柄ではなかった。カンメラーは、彼の実験材料であるヒキガエルが獲得形質の遺伝によって生じたと推定される特徴を強調するために、インクが注入されていると暴露されてから、数か月後に自殺した。[17]

遺伝主義的な科学的イデオロギーは、二〇世紀に二回その絶頂に達した。最初は一九二〇年代の優生学運動、そして二回目は一九九〇年代初期のヒトゲノム計画の誇張言説である。一九二〇年代には遺伝学は、貧困者を断種し、イタリア人とユダヤ人の合衆国への移住を制限することの根拠を供給した。一九二五年のある一般的な大学の遺伝学の教科書は学生に、「常に自活の瀬戸際にいて社会への寄与が非常に小さい非常に多くの人々は、そうであることから、その血統の排除は有用であろう」と警告した。[18]たまたまの一致によるのではなく、一九九〇年代に政治的保守層は、ヒトゲノム計画を推進する分子生物学者が立ち上げている「遺伝子大売り込み genohype」に飛びついた。その結果が、社会的不平等の根底に想像上の人種的差異があるとする古い議論を蒸し返して悪評を招いているベストセラーの『ベルカーヴ』であった。

それゆえ後遺伝学は、「我々は今や大方の意味で、我々の運命が我々の遺伝子の中にあることを知っている」というような言明によってせわしなく自分を正当化しているヒトゲノム計画の誇張言説に乗じた遺伝主義者の考えに対抗した、現代の科学的な反応と見ることができる。[19]それは細胞的メンデル遺伝学の中で、身体への環境の影響のための、そして同様にまた我々が実際には自分自身のDNA配列以上、そしてまた祖先のDNA配列以上の者である流儀のための説明を供給している。

利用的システム

三番目の進化的システムは再び生物体の非受動性を強調する。それは生物とその環境との関係である。動物は自分が馴染んでいる安全な場所に住む。古典的には生態学者は生物と環境との適合を認識し、環境のニッチ（住み場所）を、生物の祖先が徐々に適応するようになった、定常的な「与えられたもの」として見た。しかしながら続く世代の研究者は、生物は単にニッチを「占める」ばかりではなく、その環境と相互作用しそれを変えるので、環境はそれ自体がダイナミック（動的）で反応的であることを正しく評価するようになった。[20]生物はその遺伝型から自動的に導き出されたものではなく、むしろ反応的な動因であり、環境は定常的でもなければ生物と無関係でもない。それゆえ子孫は調和の中で、自分たちの祖先によって作られた新しい環境に共適応しなくてはならない。そうした変容のうちでもっとも重要なものは、おそらく何億年も前の青緑色細菌がやってきたことで、大気中に酸素のあった地球上で光合成を始めたのだ。大気を変えることで、彼らは多細胞動物の進化を可能にした。

人間の進化の場合、このような一般化は環境の崇拝にまで及んでいる。人間の進化の生態学的な焦点は、我々の祖先が「動物」として地域的な「環境」に埋め込まれていたのではないという広がりまでを包含している。むしろ人間は、環境を自分たちと一緒に持ち運び、入り込んだどんな場所でも自分たちがそうあって欲しいと思った姿に変容させ続けた。

祖先は、我々自身の半分しかない大きさの脳をもってしても、全く新しいやり方で世界を見ていた。それは、周りの物で何ができるかということである。石を道具に変えただけでなく、ついには反対に手を、より良い道具を使う付属肢に変えた。チンパンジーは二つの理由から、道具を使って多くのことはできない。彼らは小さく弱い脳を持っている上に、小さい弱い親指を持っているからである。彼らは手を、ぶら下がったり、また地上で自分の重みを支えることに使うので、長い人さし指と短い親指を持っている。おそらくあなたがチンパンジーを負かすことのできる唯一の強さ較べは、子供がやる指相撲のゲームだろう。言い換えると道具は手の器用さと共進化してきたのだ。[21]その効果は、世界を、そこから物を作り出すための原料あるいは素材の複合体として見る欲望が生まれたことだけでなく、その能力を持っている生物が進化したことだった。

石を打ちつけ合ったり、物を活発に擦ったりすることとの一つの興味深い結果は、しばしばそれらが暖かくなったり火花を散らしたりすることである。もし正しい素材を選び、そして数百数千年間注意深く作業をすれば、必要な時に火を起こすことにたいへん熟達するだろう。そして火の最も明白な価値は、あなたと一緒の環境のもとで行く所どこへでも持ってゆけるということだ。全くの最低限であったとしても、それは暖をもたらし、捕食者からの防御に役立つ。暗闇の中での明かりとなり、食べられないまたは消化できない食物を、食べられ消化しやすい食物に変容させる。[22] 我々ヒト科の祖先は、火を扱う能力と皮を剥いで動物の皮を鋭い石の道具で細工する能力によって、類人猿の祖先には住めなかった場所に、自分自身の環境を構築することができた。

道具と火の他に、動物の皮は第二の皮膚（すなわち衣服）を作るために使うことができたし、また自然の力からの避難所（すなわち初期の住居）を構える助けにも用いられた。これがいつ始まったのかは厳密には知られていないが、祖先はおそらく数十万年前までにそれをしていた。

初期の人類がニッチを構築した四番目の様式は、生の素材を遠くから運び入れることも含んでいた。その結果、自分のものを廃棄するときにそのものが自然には生じない場所に捨てた。これには交換のネットワークと、違う地区にいる他の人間グループとの互恵的な義務関係も含まれていた――一言で言えば交易である。[23] それは、参加する者全員が利益を最大化し最小から最大を得ようとする近代の市場にもとづいた近代の経済学者が想像するネットワークとは違う。市場の代わりに民族誌のような推定にもとづけば、初期の人類のネットワークはおそらく協同と儀式的な交換に関係していた。[24] 誰かの支出を伴う個人的な利益は、おそらく互恵的な援助よりも動機として小さかった。[25] 少なくとも最低限、ここでの相手同士はおそらく血族関係でつながっていたと思われる。彼らは今後の期待を理解し、何らかの永続的な関係の上に立っていただろう。

最後に、早期の人々は他の動物種との関係を発達させて、以前には知られていなかった環境を作り出した。他の動物種が維持され、選択的に繁殖させられる（わずか数千年前のことである）よりも長い以前には、彼ら〔他の動物種〕はたぶん、双方の役に立つ方法で人間と共生的に共存していただろう。その方法というのがどんなものだったかは、想像に委ねるしかない。しかし早期の人類が哺乳類の歯に穴を開けており、時には動物の死体を取り去っていたという事実[26]は、彼らが他の種との共存を理論化していたことを示唆している。知られている早い時期の彫刻は約四万年前のものだが、半分人間で半分ライオンである。これは早期の人々が動物との関係について複合的で象徴的な仕方で考えていたことを示唆する。その人たちは貝と石と植物も利用していたが、描くのは一般に他の哺乳類ばかりであり、やはりこの事実は彼らが他の哺乳類の種について、それらを囲い込み飼育するよりはるか以前から、いろいろ考え、親密に相互作用していただろうという考えを補強している。

このニッチ構成の様式で最も顕著な姿は植物と動物を飼育、栽培し、また食物生産を始めたという決定に見られる。これは旧世界の様々の場所における異なった種類の生物について、およそ一万二〇〇〇年前から四〇〇〇年前に始まった。これで人類の社会は、自分たちの生きる手段を支配し、また余剰を備蓄し再配分できるようになったが、それはすぐさま、食物の不均衡、そしてついにはひどい富と地位の不平等へと繋がっていった。現代の世界の多くの問題は、数千年前の人々が身近にいてよく知っている動物と植物種の遺伝子プールをいじくり回し始めたという選択の、直接の社会的また経済的な結果だというのも、筋の通った議論として頷くことができるだろう（ただしこれは、遺伝的に修飾された食物にまつわる現代の問題とはまったく別物である。というのもモンサント社はまさに「人々」ではないからだ。そしてそうした今日の修飾の視野、目指すもの、そして成り行きの問題も、数千年前のそうしたものとは較べられない）。

文化的システム

こうした進化システム（ワディントンは省略していたが）は学習された行動に関係していて、それは他の種にもあるものだが、人類の進化の中で記号的な思考の発達によって緻密になり、補強された。そして本質的には環境との適応を想像力の中から作り出してきた。こうしたイメージが現実化するかもしれない程度の差によって、人間は近い親戚である類人猿とは違う種類の生態学的な生き方をしている。少なくとも文化は、他の種では生態学的な関係であるものを、人類では経済的な関係に変える。人類学者クライド・クラックホーンは（奇妙に性差別主義的な用語で）「文化は、彼が創出した環境の人工的な部分と見なすことができる」と記した[27]。

これを根本的に許すものは、もともとは脳の産物の中に横たわっている。つまり我々の心である。人間の心は独自の四つの過程を実行可能としているように見える。それらによって我々は世界と相互作用し、そして本質的にそれを作り出すやり方を形作っている[28]。第一のものは我々が階層的に考えるということだ。これは世界の全要素が同等に要素的という意味ではなく、ただ「これはあれの一種である」と言うような意味である。これは分類の基礎であって、我々は何に対しても、色の関係から植物に及ぶまで、それを行う。分類には、しばしば多くの可能な次元がある。たとえば椅子の使用法に焦点を当てて、それをベッドと一緒に「家具」として分類することができる。あるいは椅子が四本の脚を持つ構造に焦点を合わせて、それを鹿と一緒に「四つの脚を持つもの」と分類することができる。また椅子の素材に注目し、樹木と一緒に「木からできている」とも分類できる。行う選択は分類の目的にかかっている。時には単に祖先が自らのためやった任意の決定次第である。イルカは、どこに棲んでいるかまたどのように動くかという点から魚の一種なのだろうか。あるいはその生理学と進化の歴史によって哺乳類の一種なのだろうか？　我々は後者の基準のセットに前者を上回る優先順位を与えるので、イルカを哺乳類の一種と呼ぶが、たしかに後者のセットもある程度意味をなしている。

我々が考える第二の方法は、記号的に行うということだ。そこでは相互に本質的に関係のないものの間に随意的な関係が作り出される。その最も基本的な例に指差すということがある。人間は一歳の頃からそれをやるが、チンパンジーは一向にそれをやらない。彼らはそれをするように強く訓練されると少しだけできるようになるが、歩いたり、自転車に乗りながらタバコを吸ったりするように訓練されるほどには、指差しをすることができない。指差しとは、指差す指の先とそこにある物との間の想像的な結びつきであって、このような結びつきは指差す者の心の中と、似たように作られた脳を持つ誰かの心の中にだけ存在する。(29)

第三の考えの方式は、創造的にということだ。情報を別の領域から取ってきて、新しいやり方で一緒に置く。おそらくこれをやる最も基本的な方法は、直喩を使うことだろう。山はモグラ塚のようであり得るし、雲は顔のシルエットのようであり得るし、ライオンは勇敢であり強い味方のようであり得る。これらの並置や組み合わせは以前に考えられたものだったり、新たなものの場合もあるが、この考えの手法は本質的に無限に広がる配列の可能性を持っている。何事でも、それについて正しいやり方で考えるならば、原理的には他の何事とも関係づけられる。

そして最後に、我々は抽象的に考える。それはつまり、存在しないもの、また決して存在しないだろうもの、あるいは決して存在しなかったものを想像することである。我々はそれらを、存在するもの、あるいは存在したもの、または存在するだろうものと同じくらい現実的であるかのように扱うことができる。たとえば死者を埋めることは、時間とタンパク質の無駄にもかかわらず前史期の十万年前の人々によっても行われていた。その理由は愛や尊敬や思い出に――生命が失われた現在ではなく、理念化された過去の概念化、あるいは想像された未来――に関与している。

しかし人の思いというのは、人であることの最低限の側面――それが有機的で内部的であるゆえ――にすぎない。我々の進化にとってさらに重要な部分は、内部にあって行為を許容するもの、生命の歴史の中でたいへん独特な我々のコミュニケーション・システムによって形成された人間関係に関わっている人間存在の「超器質的」な諸局面である。

言語が我々に対してすることは、単に抽象的な思考を許すだけではなくそれの共有を強いることで、それによって我々に想像、計画、協力の社会的な世界が開かれる。これは結果として、我々に自分のニッチ構築を許す――しかし単に身体の生存と快適さに関してということではない。我々は歴史的そして社会的環境をもまた作り出し、その中に生まれ、それに対して適応せねばならない。言語はこれらの環境の最も基礎となるもので、我々の有機的、認識的な諸過程や、歴史と文化を構築しているものでもある。

言語の主要な効果は、相手の心の中で何が起きているかをそれで知ることができるということだ。なぜなら他の種と違って、相手は我々に話せるからだ。このことは、人間行動を特徴づける組織化された活動の基礎となっている。誰かに自分が何を考えているか言う能力に伴って、そうした情報を、幸福、怒り、嫌気、驚き、退屈、悲しみ、また同様にもっと微妙なもの、至福、皮肉、恋愛など、総体としての感覚の範疇に入るコミュニケーションと結びつく高度に発達した顔面の筋組織、眉、目つきによって補強する能力も備わった。また自分の利益のために、他人に自分の意図を読み誤らせて騙す能力も備わってきた。それは結果としてある科学者の考えでは、我々の知性は祖先の中で騙すことの発達を促す力と共に進化してきたので、協力者としてよりも卑劣漢として進化してきた可能性を高めた[30]。しかし、我々が何かを「できる」という事実は、我々がそれをする「ために」進化したということを意味しない。これは適応主義としてよく知られた誤りである。我々に横とんぼ返りができるという事実は、横とんぼ返りをするために進化したことを意味しない。ただ、進化してきた特質がそうした活動も許容することを意味するだけである。人間を本質的に向社会的とか反社会的とかと見るのは単なる古い哲学的な議論の繰り返しだ。たとえばトマス・ホッブスが一七世紀半ばに、人々を原初から孤立的で競合的と見做したり、ジャンバッティスタ・ヴィーコが一八世紀初めに人々を原初から協力的で社会的と見做したりしたように[31]。我々の進化の歴史は協力とごまかしの両方の性質に関与している。しかし協力的で向社会的性質の方が、我々を生命の歴史の中でいま居る場所に連れてきたもののように見える。

我々が知らないのは、言語（音声的シンボルとしての）が原初の類人猿のシンボル化した音声から生じたのか、あるいは原初の音声化したシンボル的行動から生じてきたのか、どちらなのかということだ。類人猿の音声は会話的（一頭の類人猿が「オーオーオー」と言い、それから他の類人猿の順番がやってくるように交互に、という意味）ではない。むしろ、笑いのように、伝染的であるように思われる。つまり一頭の類人猿が「オーオーオー」と言い、他の個体が唱和する。加えて我々人類では、息を吐いている間もずっと音声を発することができるように息をコントロールする。チンパンジーの音声については、こうなっていない。それゆえ推定されることは、類人猿の音声は会話よりも笑いに近いということだ。それは結果として、類人猿の音声は人間の言語の進化的な源ではないことを示唆している。[32]むしろ、人間の言語はシンボル的行動――指差し、ジェスチャー、踊りのような――の結果だというのがよりありそうなことで、その認識的な関係が変容してついには音声表現が共選択されたのだろう。

そうしたシンボル的行為の一つは身体の飾りつけであり、それは人間に固有な特徴である。衣服は実用的なだけではなく、コミュニケーション的でもあり、早期の人類はおそらく他の方法――顔料とか宝石――で、少なくとも衣服を着始めたのと同じくらい早くに、自身を装飾していたのだろう。実際、頭髪を切って頭の周りで整えることは、そうする技術と共に進化してきたはずだ。そしてこれもまた生物学的であるよりも象徴的な機能である。最も早い時期の人体の描写である二万五〇〇〇年前のヴィーナス小像では、石器時代に遡って、髪の毛が注意深く整えられていることを示している。これは古典的な象徴の人類学だ。我々は短い髪を囚人、兵士、ビジネスマンと結びつける。そして長い髪をヒッピー、天才、アーティストと結びつける。結びつきは微妙だが多岐にわたっている。そして各人に課せられ、あるいは自分から課している社会的な力の結びつきと近いもののように見受けられる。長髪は象徴的に、制御可能性が小さいことと結びつけられている。要点は、毛髪が保有者についての社会的情報を伝えているということだ。[33]それは常に見られる傾向であり、そして人間に特有である。類人猿はそんなことは気にしない。しかし人間はしなくてはならない。もしそうしなければそれは自分の感覚器官以上に伸びてしまうからで、明らかに適応に反している。頭髪は、それを気に掛ける能力及び関心と共進化してきた。それが示唆することは、我々が馴染み深い「心」を扱っているということだ。自分が誰なのかを個人的な毛の手入れの習慣を通じて言明することは、ある根本的な意味で我々自身を語っていることだ。この例はここでも再び、内的な人間の心の過程が、目に見えない形で象徴的に人間同士を結びつけている外的な意味と関係を形作っているという事実を強調している。進化の観点から言えることは、そうした外部的な、あるいは身体外的な結びつきは身体やその所有者を上回って長く生き残るということだ。それは人間文化の際立った特徴である。(34)

二つの基本的な人間の属性を考えてみよう。言語と血族関係である。人間はその両者の中に生まれる。あなたはたぶん英語を学ぶことを選ばなかった。そしておそらくそれ以上に、息子や娘であること、兄弟や姉妹であること、孫であること、甥や姪であることを選ばなかった。そうした役回りはあなたが現れる前から存在していて、あなたはどうその立場を占めるかを学んだだけである。そして英語はあなたが現れる前から存在していて、あなたはどう話すかを学んだのだ。それればかりか、あなたは英語を学んだが、全部の英語を学んだわけではない。誰も英語を全部知らない。どの個人の知識の範囲よりも広く、いつもそうだった。似たように、誰も血族関係の全部を知っているわけではない。たとえばほとんどの文化では、息子であるやり方の知識は娘であるやり方の知識とは違っている。女性が赤ん坊を出産するときにどうするかを知っている人は、近隣の人々と適切に取引するやり方や、鏃を作るやり方を知らないだろう。したがって文化を、生物学者や心理学者が時々するように、個人が持っている知識として同定することはまるで正しくない。というのも、どの文化に属するどんな個人もその文化の全ての知識を持っているわけではないからだ。換言すれば、文化はその知識を持っている個人たちよりも大きい。それはそれが方向づけられたり影響を受けたりすることがないという意味ではない。ただそれは占有され得ない。ただサンプルを取ることができるだけだ。

すでに第2章で記したように、テクノロジーを歴史の長いレンズで見た時には、それは進歩と加速を示す。文化の他の形相はいつも変わり、テクノロジーに対する反応も変わるが、必ずしも目標を持った進歩へと向かっているわけではない。血族関係は変わり（たとえば多数の単身勤務の親と、血族語 baby daddy〔赤ん坊を育児する単身の父親、テレビドラマで流行語となる〕）、そして言葉も変わる（twerking〔膝を曲げ腰を振る踊り。二〇一〇年代に Youtube への投稿で流行〕や selfies〔カメラでの自撮り〕）。しかしそれらが進歩なのか、それとも退化なのか、あるいはある種のランダムな動きなのか、いずれであるかはっきりしない。

自然選択的システム

突然変異によって生み出された変異は、ダーウィンが認識したように、究極的にはもし有利なら将来の世代において保全され永続化され、もし有害なら拒絶され破棄される。しかし何における変異か？ダーウィンは明らかに身体の部分を意図していた。しかし後続の世代の遺伝学者はダーウィンの意図を遺伝子に移し替えた――単に種を遺伝子プールと、身体をゲノムと、そして身体の特定の特質を遺伝子それ自身と等号で結ぶことによって。そうやって、遺伝学者セオドシウス・ドブジャンスキーは進化を「集団における遺伝的割合」あるいは「時間経過に伴う遺伝子頻度の変化」に還元することができた。自然選択は単に将来の世代における一方あるいは他方の遺伝的変異の不釣り合いを表現していることになるのだろう。

一九八〇年代までに、自然選択の研究の中に一つの分岐が起こった。行動学者や動物行動学者は還元論的な定義を採用し、それをさらに大幅に拡げて、遺伝子間の競合について、そして「利己的な遺伝子」について語るようになった。一方で、主流の進化生物学者たちは還元論的な定義をひとからげにして却下した。というのも、それらが表現型を生じてくる際の遺伝子間の相互作用に取り組むことに失敗したからであり、その失敗はエルンスト・マイアが「豆袋遺伝学」と呼んだものであった。還元論的なアプローチは、単に遺伝子の総和に過ぎないと思われていた身体を問題化することに失敗した。そして自然の階層で異なったレベルにある要素、つまり生物体あるいは集団あるいは種の間にある差異と競合を概念化することに失敗した[35]。結局還元論的な定義は、時間が経過するにつれてのある系列の変遷を提示しただけで、系列の枝分かれを提示できなかった。

「集団内の遺伝子頻度の変化」はたしかに進化だが、それは進化のマイナーな特徴をなしているに過ぎない。ジョージ・ゲイロード・シンプソンのような進化生物学者は進化のメジャーな特徴に関心があった[36]。集団内で観察される差違とそれが生じてくる過程は、ダーウィンが実証するのに多くの苦労を重ねたもので、実際それは誰も疑わなかったが、種の間で観察されたものと同じで、規模がより小さいものだった。けれども、十分に研究されてきたミクロ進化的な遺伝現象――アフリカで鎌状赤血球貧血を生じてくる原因遺伝子の広がりのようなもの――が、それは何十万年も待って観察する必要があるのかも知れないが、たとえば二足歩行のようなことに関して実際に適切な記述を許すのかどうか見ることは難しかった。

問題は遺伝的構造と身体との間、あるいは遺伝子型と表現型との間の容易な翻訳ということにあった。ショウジョウバエの遺伝学と人間の医学的遺伝学は遺伝子を発見し名づけるシステムでは収斂したが、それは遺伝子の主要な病理学的な作用だけに焦点を合わせていたからだった。結果的に遺伝学者は、どうやって遺伝子が正常な機能する身体を作り上げるかをほとんど学ばないまま、どうやってそうした手順を攪乱するかについて多くを学んできた。結局、悪いスフレ料理を作る方法は、良いものを作る以上にたくさんあるのだ[37]。

自然選択はしばしば、将来の世代で表現されるべき生物学的な形態の間の受動的な競合に関与している。そうした競合は二つの特質を必要とする。再生産あるいはコピーと、何らかの仕方でそうした複製過程を促進あるいは阻害する外的世界との相互作用だ。そうした特質は三種類の生物学的形態において見出される。細胞、生物体、そして種である。細胞は一般に有糸分裂で再生産され、生理学的に相互作用する。生物体は一般に性的に複製され、社会的に相互作用する。種は一般に地理学的に複製され、生態学的に相互作用する。

身体の中にある細胞は分裂（有糸分裂）と、他の細胞との調和のとれた相互作用と、そして死（アポトーシス）のためにプログラムされている。制御できない複製によって不正を行う細胞は、短期的には他の細胞に打ち勝って増殖するけれども、自分が部分となっている生物体を殺す。結果的には遺伝的な癌は、主に再生産を終えた中年と高齢者の病気だ――というのも、若年者を襲う癌は本質的にそれら自身を死なせてしまうからである。このように生物のライフサイクルは、その細胞の行動に制約を及ぼす。

それと並行して、集団は生物体ができることに対して制約を及ぼす。古典的な議論においては、動物は集団の利益のために繁殖を抑制できないとされる。なぜなら抑制を実行しない者（「瞞《だま》し屋」）がいて、素早く繁殖して数を回復してしまうからだ（繁殖は最も字面通りの意味で進化的適応を表しているので、生物学においては文句なしに最も利他的な行動である）。集団の利益のために自分の適応の度合いを下げる唯一の道（繁殖の抑制）が生じるのは、生物体が予見を持っているか（もちろんそんなことはない）、または瞞し屋が意欲を無くす（これもまたない）強制的なメカニズムの存在である。一方で、予見と利他的な制度を両方とも持っている一つの種に出会うことが難問だと見なす必要はない。「事態は集団の利益のためには進化しない」という制約は、ホモ・サピエンスに関しては重くのしかからない。進化遺伝学者フランシスコ・アヤラが述べたように、

適応において利己的行動が利他的行動よりも優越していることは、人間には必ずしも当てはまらない。なぜなら人間は利他的行為の有益性（この行為は集団を利するが、間接的には彼ら自身をもまた利することになる）を「理解」し、こうして利他主義を採用し、法律や他の方法によって、社会的集団を害する利己的な行動に対抗してそれを守ることができる。(38)

こうした設定の制約によって生ずる変異体の差異的複写は、自然の階層の異なったレベルで起こって、他のレベルで認められるパターンに影響を与えることができる。たとえば集団の種分化と絶滅の比率は、対立遺伝子あるいは種内の生物体の単なる比率と見えるものに影響を与え得る。しかしもっと意味のあることは、遺伝子プールをその環境に適応するように形作っている世代を超え定常的で非＝ランダムな偏りとしての自然選択と、遺伝子プールに対する一度限りのランダムな吹き渡りとか方向づけとしての遺伝子浮動をきちんと区別することだ。結果的に、行動や対立遺伝子の一時のスナップ写真を研究し、それを自然選択の証拠だと結論づける研究は、いまだ実際には自然選択の証拠を見つけていない。なぜならその証拠となるべき最も顕著な点は、多世代にわたる定常性にあるからだ。通用する機能のレベルはいまだ維持したままで、ゲノムが非＝適応そして悪適応を生じ得ること、また身体は様々な生理学的なノイズを生じ得ることを我々は知っている。この点が、ハーバート・スペンサーの「最適者生存」と

ダーウィンの適者生存の決定的な区別なのだ。

第5章

我々の祖先は類人猿性の境界をどうやって越えたか

人間が興味深くもサルに似ていることは長く知られてきた。一九世紀のヨーロッパ人は革新的にも、そうした類似性を共通祖先の痕跡として、文字通り家族的な類似として解釈し始めた。旧世界には我々自身の遺伝子と身体に似た二つの動物のグループがいる。より遠いグループはサルとして知られ、その身体は、木の枝や地上を指を伸ばして歩く四足歩行用に作られていて、長い脊柱は長さがいろいろに違う尻尾で終っている。もう一つのグループは類人猿として知られており、その身体は枝からぶら下がるように作られ、自分自身が垂れ下がる。肩はさまざまに動き、樹の中にいる時に手は鉤のようで、地上に降りたつと、指はいろんな程度に曲げられる。多くの時間を垂直に近い姿勢でぶら下がって過ごすが、脊柱の使い方はいろいろに違い、脊柱はサルのものより短くて硬い。一八世紀までに、フランスの自然史家のビュフォン伯爵は、彼らを厳密に区別する点で英語はフランス語よりも優れていると不平を言うことができた。

英語では、我々と違って猿に対する名前が一つに重なっていない。ギリシア語のように違う二つの名前をつけていて、一つは尾のない猿のためもので、彼らはそれを類人猿 ape と呼ぶ。もう一つは尾のある猿のための名前で、それをサル monkey と呼んでいる。(1)

我々の解剖学は自分たちを類人猿の中に位置づける。いうのも、我々も類人猿と似た肩と、短くて比較的硬い脊柱を持っているからだ。遺伝子もまた我々を、特にそれに結びつける。ただし我々は、喋ること、歩くこと、調理することで、また考古学的には探知が困難だが重要な特徴として、指差すこと、汗をかくこと、規則に従うことのような点で明らかに類人猿とは違う。身体が似ていることの最良の説明が共通祖先の証拠であると認識したのはダーウィンだった（早期の言語学者がアイルランドの言語のインドへの類似性について、『種の起源』の半世紀前に正しく評価したように(2)）。

系統発生と分類は異なったものである。一つは歴史であり、他方は言語である。一つは他方に多かれ少なかれ依拠しているかも知れないが、それらは異なった種類のものである。第1章で記したように、あなたと祖先の関係についての疑問――あなたは単に彼らと同じなのか？――は、高度に生＝政治的な疑問である。例えば、人種的祖先の観点からは、あなたのアイデンティティとあなたの祖先は一揃いの文化的規則によって支配されている。カテゴリーが分離していること（人種主義）、必然的に社会的、政治的、そして経済的相違に関係していること（人種差別主義）、少し低い地位の祖先は高い地位の祖先を踏み躙ること（血の一滴）、もし二人種の混血なら低い方の地位の人種のアイデンティティが当然とされること（下方血統）などである。あなたは祖先の特質に還元可能だろうか（世襲主義）、あるいはどうにかしてそれらから自由であり得るだろうか？　ある人は、その本人以上のものであり得るだろうか？　あるいは彼らと異なり得るのだろうか？

その最後の質問に対する答えは明らかにイエスだ――結局、我々が進化によって意味するものは、子孫が実際に彼らの祖先から異なっているという事実だ。そうだとすれば、基本的な意味で、誰かが「我々は類人猿だ」と言った場合、そうした陳述は、祖先と子孫の間の相違の自然的な生成を認めないがゆえに、「我々は進化してきていない」ということを意味すると解釈できるだろう。人類の進化についてのまさに最初の本で、トマス・ハクスリーは「誰も私ほどには文明化された人間と獣畜の間の隔りの広大さについて強く確信していないだろう。あるいは人間が獣畜に由来するにせよそうでないにせよ、人間は確実にそれら「の」一員ではないということを確信していないだろう」と説明した。[3] ハクスリーはなぜあなたが類人猿に由来したのか（祖先）、あるいは既に彼らの一員ではないのか（アイデンティティ）ということを、あなたが進化したためだと説明している。一世紀近く後、古生物学者ジョージ・ゲイロード・シンプソンは同じ点を指摘した。「人間が類人猿であることは事実ではない。余分の計略または……そうした陳述は、真実でないばかりではなく、それらが故意に人間が本当には何であるかについて逸れた疑問に導き、我々自身及び我々の適切な価値について全体の解釈を歪めるゆえに有害である[4]」。

にも拘らず、我々が何らかの種類の類人猿であるという考え――ただ我々の祖先ではなく、我々のアイデンティティが類人猿のそれであること――は、普及した科学的書籍では普遍的なテーマである。そうした『裸のサル』や『第三のチンパンジー』や『なぜ進化は本当なのか』のような科学ベストセラー[5]における断言は、我々がハクスリーやシンプソンの説明と判断に何らかの重きを置くならば、単に大衆を誤教育する偽りである。

「我々は類人猿だ」という最近の断言は、我々が類人猿と遺伝学的に密接に似ているという実証から引き出された。それはしかしながら、単に比較の性質が偏っているに過ぎない。我々は二足歩行、言語、顎、汗腺、小さな犬歯、倫理、あるいは多くの根本的な何らかの類人猿からの差異を遺伝的に同定するやり方を知らない。遺伝学的な比較は我々の祖先を我々の相違よりもより容易く明らかにする。ハクスリーとシンプソンが議論したように、類人猿からの相違を遺伝学的な比較の中に見出せないのなら、なぜ何か他の物を見ることをしないのだろうか？

さて、ここでの文脈においては、我々の祖先が類人猿であるにも拘らず、だから我々は類人猿であるという具合に話は続かないのだ。随意に祖先を最もよく明らかにするデータに特別の特権を与えた場合、または随意にあなたのアイデンティティを単にあなたの祖先へと還元させた場合に話が続くだけである。「通俗サイエンス」の人類進化の起源神話は、人間と類人猿との遺伝的な親密さを観察し、遺伝学的関係性が最も重要な関係性であるという文化的仮定をそこに当てはめた。そして我々のアイデンティティは容易に我々の祖先から確立できると結論づける。しかし第1章でも記したように、あなたの祖先が小作農や奴隷であったかも知れないという事実は、あなたを小作農や奴隷にはしない。我々は、アイデンティティを祖先へと還元させる文化的着想が倫理的に受容できないことを発見する。理由は単に、我々が祖先と異なっているということ、そして我々のアイデンティティは弁証法的に確立されており、我々は彼らのDNAから成り立っているのと同時に彼らと異なっていると認識していることである。

「我々は類人猿である」という議論を成り立たせている遺伝学的近接性は、実際に二〇世紀の早い時期には知られていた。アジアのオランウータンが、アフリカの人間＝チンパンジー＝ゴリラのまとまりから系統発生学的に距離があることは明らかに理解されていて、アーネスト・フートンの古典的な教科書『類人猿から』（一九四六年）において大学一年生に示された。それが一九六〇年代に再発見された時、それは分子生物学とゲノム学の時代の中で、より好ましい文化的思潮に出くわした。[6] 遺伝学的関係を他の関係に優先して特権化するには、二〇世紀末に向けてのヒトゲノムプロジェクトに伴う「遺伝子型」をめぐるいきさつがあった。DNAの比較は種の比較を含んでいない。もし含んでいるとすれば我々の

DNAはアスパラガスのDNAと最低限二五パーセントずつ一致するので（どのみちDNAには四種類の塩基しかないから）、自分自身を四分の一だけアスパラガスと見なければならないことが示唆される。そのようなことを言う人は、他人を混乱させようとしているか、本人が混乱しているかのどちらかなのだ。我々のDNAは、我々にとって解釈可能なアイデンティティへと、簡単に翻訳されそうもない(7)。

さらに、我々が八〇〇万年前の類人猿に還元可能であるということは、より最近の祖先は歩き喋る能力を進化させたということには目を向けるけれども、四億年前の魚の祖先まで時間を戻さない。なぜ我々は魚ではないのか。我々の祖先は空気を呼吸する能力と、彼らの身体の重さを陸の上で支える四つの脚を進化させてきたにもかかわらず？　我々は系統発生学的には「魚」という範疇（カテゴリー）に――もしはるかに遠い祖先だとしても――合致する(8)。ちょうど「類人猿」の範疇に合致するのと同じように。たしかに祖先が類人猿や魚だという認識から我々は何か学ぶけれども、それはそうであると言いたいという話とは大いに異なっている。

もし我々が類人猿でないとしたら、我々は何者か？　我々は後＝類人猿である。我々が後＝魚であるのとちょうど同様に。明らかに、我々は他の何よりも類人猿に似ている。我々は彼らに似ていて、同時に彼らと区別される。類人猿への類似を強調することは、チンパンジーを我々の属、ホモの中のもう一つの種とする遺伝学が要請する分類に繋がる(9)。相違を強調することは、我々を他の全ての霊長類から亜目のレベルで、「二手のもの」あるいは「二手目」として分けた早期の解剖学者の分類に繋がる(10)。我々の折衷案は、人類と類人猿を同じ上科の部分と見做すが、それは古生物学者ジョージ・ゲイロード・シンプソンの一九四五年の哺乳類の分類から来ている。似たような別の折衷案では、大きな体の類人猿（「ショウジョウ」としてのオランウータン、チンパンジー、そしてゴリラ）と、人類およびその二足歩行の祖先（ヒト科 Hominidae、「より人に近いこと」を意味する）を並列する。[11]

最近の一〇年かそこら、知的妥協の精神がゲノム学の表面から退潮するに従って、一部の学者は類人猿と人間の間の相違を低いレベルまで後退させた。我々とチンパンジーを種のレベルで分けたがる遺伝学者のようにまで低くないとしても。これは大型類人猿を解体して、我々を彼らから上科、科、そして亜科のレベルにおいて区別するかわりに、「族」という漠然としたレベルで区別する。ここでは人類とその二足歩行の親類はヒト族（Hominini、その意味は「信じ難いほど人に似ている」）と呼ばれる。[12]

しかし人類とその化石の親類を「ヒト族」と呼ぶことは、何ら新しい発見に立脚していない。むしろ遺伝学的な類似が認識的、社会的、あるいは身体的な相違より重要だという文化的仮定の適用の上に成り立っている。これは、その中でホモ属の中に識別できる種の数がたった二つから（エレクトスとサピエンス）一四の多さまで（アンテセッサー、ゲオルギカス、ペキネンシス、フロセシエンシス、ネアンデルターレンシス、ガウンゲンシス、ハビリス、エルガスター、ローデシエンシス、セプラネンシス、ルドルフェンシス、ヘルメイ、エレクトス、そしてサピエンス、ただしデニソワ人は別とする[13]）になってきたという、人類学のシステムの生＝文化的性質をうかがい知る覗き窓となる。多くの化石を少ない種に括る学者を「まとめ屋」、そして少ない化石を多くの種に整理する学者を「分割屋」と呼ぶ。しかし、これは気まぐれなことではなく（「まとめ屋」と「分割屋」の区別がしばしば示すように）、むしろ戦略的である。というのも「分割」には職業的な利益があるからだ。つまりより多くの種はより多くの鍵となる標本を意味し、より多くの鍵となる標本はそれらを管理するより多くの重要な人物を意味する。そして「分割」でスペイン、グルジア、中国、インドネシア、南アフリカ、ケニヤ、ザンビア、そしてイタリアは自分の種を持つことができて、そうやって各人が、人類起源の科学的な物語（語り）を表明するにあたってのキー

表1　現生人類と大型類人猿の分類の対照

オランウータン科	オランウータン科
オランウータン属	オランウータン属
チンパンジー属	ヒト科
ゴリラ属	ヒト亜科
ヒト科（「ヒト族」）	チンパンジー属
ヒト属	ゴリラ属
	ヒト族
	ヒト属

左は、人類の系統の適応的な特殊化に重きを置く分類。他の三つの属からの人類の分岐を示す。ここでは、我々の種及びその化石は「ヒト科」と呼ばれる。右は、遺伝的関係と子孫の近接関係に重きを置く分類。他の三つの属からのオランウータンの分岐を示す。ここでは、我々の種とその化石は「ヒト族」と呼ばれる。

プレイヤーとなる。

ここでは種は「自然」な単位ではなく、「自然／文化natural/cultural」的単位である。それらは自然の事実からでき上がっているものではなく、部分的には文化的な心の置き方と時代の問題によって決まる分類者の関心と興味からもできている。今日の一つの主要な科学的関心は保護である。ほとんどの霊長類の種は野生で脅かされている。彼らを守るために書かれた法律は種に焦点を当てる傾向にあった。それゆえ企業的な関心においては、種のレンジをたいへん広く定義することになったかもしれない。そこに種のいくらかの構成員がまだ残ったままでも森を切り倒せるようするためである。法の精神を回復するためには、ここの霊長類はあそこのものとは違う種だ、そして両方が脅かされていると宣言することになる。これが二五年前の教科書では約一七〇種の霊長類がいると言っていたのに、今日の教科書が四〇〇種以上いると言う理由である。我々は多くの新しいものを見つけたわけでもなければ、彼らが狂ったように種分化したわけでもない。カテゴリーが分岐していたのだ。ほとんどの「種分化」は実際には、以前には亜種、品種、変異、あるいは地域的な集団と考えられてきた二つのグループの動物が、今や分離した種として考えられるべきだという認識なのである。[14] 我々全体は、保護が霊長類と霊長類学者の双方が直面している最も重要な問題であることを受け入れている。結局そこにいる霊長類なしには何の霊長類学もあり得ないのだから。つまりは彼らを保護することの方が、彼らの帳面づけをすることよりはるかに重要なのだ。そうやって霊長類が勝ち、環境が勝ち、そして我々が行ってきたことは、種を進化の単位から保護の単位へと微妙に再概念化したことだった。これは「分類学的インフレーション」として知られていて、霊長類の分類学には限らない。このことの理解のためには、種が自然の単位でなくて自然／文化あるいは生＝文化的な単位であることを認識せねばならない。たしかに我々は、自分が種と思うものが何であるか、あるいは何であるべきかを論ずることができる。それは結局ごく端的に、霊長類を救うことが彼らを数えることよりも重要だという事実に直面することになる——おそらくある種の心のない衒学者、あるいは企業の御用学者を除いては。

要点は、化石人類たちは自然／文化の産物であり、生きている霊長類もそうであるということだ。それが現実のものではないというのではないが、現実性という性質が、思い描いていたものとは違っているということである。

これは真に客観的な観察者によって、すなわち文化の混乱的な影響から自由で、世界を明瞭に見ることができる誰かによって、真価が識別されるような科学的事実ではない。トマス・ハクスリーはあなたが土星から来たふりをすることを示唆した。ジャレド・ダイアモンドは、何年も後に、あなたが火星から来たふりをすることを示唆した。もちろんこれは科学的な議論ではなく、吟味を経ていない自民族中心の科学的判断の傲慢さを際立たせるために設けたＳＦの議論だ。この学者たちは、地球圏外生命を我々がどう考えるかについて、より良いアイデアの持ちあわせがなかったのだ。というのも彼らは事柄の多様性と地球の人間社会が事柄の分類に使っている基準を、過小評価しているように見えるからである。

しかしもっと興味深いことは、自然の客観的な世界と文化の主観的な世界の関係についての暗黙の仮定である。文化は、ケーキにかぶせたアイシング（糖衣）のように、その下にある自然を明らかにするのに取り除く必要があるものだと仮定されている。けれども、文化がケーキにかぶせたアイシングのようなものではなく、ケーキの中に混ぜてある卵のようなものだとしたらどうだろうか？　文化の外側の科学者、あるいは文化の外側でその過程、メタファー、先入観、優先度を決める者は存在できないのだとしたらどうだろうか？　その場合にできる最良のことは、たぶん可能な限り自己分析を試みて、前任者の偏りを同定し、自身を超越しようと試みることとだろう。

これは人類進化の研究においてまさにリアルな状況である。なぜなら人類の進化は我々の起源の物語（語り）であり、そうした語りは一般に文化的重要性を持つからだ。ジョージ・ゲイロード・シンプソンが哺乳類の分類についての専門論文の中で、霊長類を通しての案内を試みるときに紙面で嘆息して言うには、

ことによると動物分類学者はヒト科の担当から外して、その命名や分類を研究から除くのが良いだろう。(15)

特定の細部は（ホモ・エルガスターの場合にように）些末であり、しばしば短命だったと仮定して話を進めよう。大きな描像（属のレベル）はもっと明確である。なぜなら属は違う基本的な適応力を持つ生物を代表しており、それゆえ彼ら自身が、古生物学的または考古学的記録の中で同定できる違うやり方で生き延びようとしているからである。

それゆえ一般に我々の系譜の始まりは二足歩行への適応と認識され、アウストラロピテクス属と記載された。この属は一九二五年に最初に記載されて以来ずっと、「ミッシングリンク」（見失われていた環）と認められてきた。人間的な特徴と類人猿的な特徴が組み合わさっているからである。一般的にはその組み合わせというのは、類人猿のような脳と、人間のような歯と、人間的な二足歩行の習慣である。アウストラロピテクスは今では南アフリカと東アフリカからの標本を含み、約四五〇万年から二〇〇万年前に分布していたとされ、分布範囲の中央右側に位置する有名な化石の「ルーシー」を含んでいる。さらに早い時期の標本では二足歩行性はずっと漠然としている。アウストラロピテクスの中には二揃いの人間に似た特徴が見られるが、第一の特徴は、（類人猿のような）前歯中心から（人類のような）奥歯中心へという歯における変化である。そして第二の特徴は、類人猿の懸垂と四足歩行から、人類の避けがたい二足歩行という移動方法の変化である。これは頭蓋基底から足の踵まで、全身を通じて検出できる。しかしアウストラロピテクスの脳はむしろ類人猿の脳に似ていて、大きさは我々の脳の三分の一しかない。

動きの場合には、頭と重心が骨盤の前方から骨盤の真上の方へ移動すること、および足の主要な機能が掴む構造から重さを支える構造へと変化していることが、微妙ではあるが類人猿の身体を人類の祖先から区別する特徴的な基準となっている。人間の脊柱はもっとカーヴが大きく、手は体重を後ろから追いかけるよりもむしろ支えており、足はいっそう堅固で柔軟性がなく、足の親指は掴むよりも重さを支えるように調整されている。人間の頭蓋骨と首も身体の前方というよりも身体の上方に位置しているという性質によって、解剖学的に類人猿と違っている。[16]

二足歩行のような根本的な特徴についてさえも、それがなぜ進化したかについてよりも、どう進化したかについて、我々ははるかに多くを知っている。[17] たしかに類人猿の解剖学は、作用してきた違いを見せる。それは明らかにたいへん重要だった。そして解剖学的な比較から、そういう進化がどうやって起こったかを言うことができる。身体のどの部分が変わり、どのように変わったのかも。ただ、それは退屈である。なぜならそれは解剖学だからだ。解剖学で言うことができないのは、なぜそれが起こったかである。それは歴史であり、起源神話である。そちらは興味深い。その一方で、チンパンジーがあなたの顔を引き裂こうとして追いかけてくるとしたら、絶対にあなたを捕まえるだろう。あなたは逃げられない。なぜなら我々の動きの様式は、我々を類人猿よりずっと遅くしているからだ。

おそらく二足歩行であることは何かのために有益であり、それは我々をのろくする不利益を帳消しにするのに十分なほど有益だったに違いない。しかしなぜそうであるかを我々は知らない。そしておそらくは決して知ることがないだろう。二足歩行が何のために有益だったかは、おそらく不可知かもしれない。二足歩行性の進化のためのシナリオとして、類人猿が互いに威嚇し合うとき直立する場合があるという事実、人間は類人猿より長い距離を走れるという事実、目が地面から高くなると遠くを見ることができるという事実――そして他にも多くのこと――が示唆されてきている。[18] つまりそれは、何かのために有益だったということだ。これらの案全てが共有しているのは無用性の特質だ。二足歩行性に有益性があるならば、それが何であったか、五〇〇万年、六〇〇万年後という現在の有利な地点から言えるはずだ。結果として我々は、アイザック・ニュートンの言う通りだと賛成するしかない。彼は重力がどこから来るかという疑問に挑戦して、それがどうやって働くのかを解明したように見える。しかし「私は何の仮説も持たない」とニュートンは言った。それは我々の指針でもあるべきだ。我々は「なぜ我々は二足歩行になったのか？」という疑問を括弧に入れ、それを、その主題についてより経験に基礎づけられた科学的な議論から隔離しなければならない。

しかしながら、我々は常にニュートンの罠に捕われるだろう。いったん重力がどうやって働くのかを算出したら、「なぜそれがそこにあるのか」がはるかに興味深い疑問となる。非科学的な疑問だとしてもである。それは物語（語り）であり、神話的な筋書きであり、データと厳密な分析によって画定されていることがはるかに少ない。似たように、「なぜ我々は二足歩行なのか」は、どうやって我々はそうなったかよりも興味深いが、しかし科学的ではない。それにも拘らず、進化の目印としての二足歩行性の有用性は、速記法で片づかない意味を隠している。やがて第6章で見ることだが、チンパンジーとゴリラは彼らがそれを選んだ時には二足で歩ける。我々が人間の状況について話す時には、我々は実際にはその選択の喪失について話している。

アウストラロピテクスの子孫は二足歩行と小さな前歯を維持し、二つの方向に進化した。一つはパラントロプスで、それは歯の適応に依っていて、そしてその適応をさらに押し進め、小さな前歯と大きくなった奥歯、それに強い砕きと磨り潰しのための大きな噛む筋肉を伴うようになった。もう一つはホモで、それは手と目の協働を高度化し、ますます生存のために精神的、肉体的な労働の産物に依存するようになった。アウストラロピテクスから出ているという系統の推測は、化石記録の中に同定できる解剖学的、通時的連続性にもとづいている。[19]

ホモは一五〇万年前までに、早期には類人猿的な長い腕と短い脚をもつ二足歩行者だったのが、むしろ我々自身の身体のプロポーションを持つ方向に進んだ。その期間に二倍から三倍ほど頭蓋が拡大して、同時にまた石器の種類はますます洗練の程度が高まっていった。[20] この、技術的に変容させ作り変えることで環境と相互作用するやり方は、その初歩においてさえ十分に成功した。それゆえホモはアジアに、そして後にはヨーロッパにも入植した。その範囲はアウストラロピテクスやパラントロプスよりもはるかに広かった。こうした適応は学習されなければならない技能にもとづいていて、多くの異なったやり方でそれが適切になされたという事実は、我々（ホモ属）が馴染みにくいものへの適応——すなわち文化——を入念な手法で扱うやり方を示唆している。この扱い方の中では、集団に特異的な物事のやり方が生じてくる。

しかし移動する動きに、あまり素早く見切りをつけないでおきたい。つまり人間の赤ん坊は、象やイルカの赤ん坊のように、移動を適切に行うようには生まれついていないのだ。霊長類の赤ん坊は自分で動き回ろうとするのよりも早く、しばしば母親の毛皮にしがみついてのぼる。しかし二歳より前に、あなたは実際に適切に動けただろうか？　人間の子供については問うべき多くの問題があるのだが、観察する大人が周囲にいる限り、子供はほとんど毎回それをやり抜けて、ついには走ったり歩いたりする。実際我々のコミュニケーション・システムのように、我々は動くことも学習するようにプログラムされている。

人間の身体的な特徴として、最後に生じてくるものは額と顎である。それは一五万年前には東アジアで見られた。第6章で見るが、我々の種の進化はますます生物学的なものから生＝文化的なものへと移り、そして生物学的に進化を理解することは、人間の状況を理解する助けにますますならなくなってゆく。ギリシア神話と呼ぶ物語で、思いつくものを言ってみて欲しいのだが、少なくともああした異教徒たちは、たとえば火がどこから来たかという説明を持っていた。第2章で記したようにそれはプロメテウスから来たのだが、彼は高価な「つけ」を支払った。ただこれは聖書が言っている以上のことで、聖書は火の起源を説明しようとさえしない。それはただそこにあるのだ。火を発明することも発見することも制御する方法を学ぶことも必要ない。(21) しかし三〇万年前の暖炉は、祖先が火の制御を学んだことを告げている。

我々の祖先は一〇万年前までには物に色を塗っていた（彼らが何に色を塗っていたかはわからないが）。四万年前には絵を彫り、三万五〇〇〇年前には壁画を描いていた。およそ一万年前までに、人類のうちのある者はコミュニティの中に住み、農耕と牧畜に頼って自分の生計を営んでいた。しかしこれは多くの副作用を伴っていて、特に富（そしてそれで買う権力）の様々な人々の間での不均等な分散をもたらした。結果として遺伝子プールに由来する揺らぎはいまだあるものの、我々の外的世界との基本的な相互作用は種の進化の過程の中で、他の動物のような原理的に生物学的な適応から、原理的に文化的なものに移っていった。これにはコミュニケーションの新しい方法の発生が触媒作用を及ぼしてきたが、その起源については直接的な情報がほとんどない。このコミュニケーションの象徴的なやり方、つまり言語は、人々と生活の社会状況の間に新しい相互作用を作り出す意味に富んだ連想と、音と物と、そして考えの区別を学習することにもとづいている。

頭と心の関係は微妙なものがあり、何世代もの科学者たちを難局に導いてきた。脳は頭の中にある。アリストテレスとその最も熱心な追随者たち（彼らは脳の主要な機能は身体を冷やすことと考えていた）を除けば、古代と近代のヨーロッパのほとんど全ての学者は、脳の主要な機能は考えを作り出すことだと理解してきた。しかし違う人々は違う考えを持つ――そのあるものは悪く、あるものは良い。そして精神的な才能を持つ人々もいる――数学に対して、美術に対して、社交性に対してなど。それは彼らが異なる種類の脳を持つからだろうか？　それは彼らが異なった種類の頭を持つからだろうか？

それを知るには、おそらく科学を見るべきだろう。

一九世紀前半に医学的解剖学者によって発展した骨相学は、最も一般的な応用科学の一つだった。[22]「なぜ人々はこんなに違う個性を持っているのか」という疑問に、骨相学は医学的解剖学に頼ることで答えた。その論理は、理解はできるにしても初歩的なもので、人々が違う個性をもっているのは、違う脳を持っているからであるというものだった。脳は音楽、愛、誠実さ、好みなどのための様々なモジュール（様態）から成り立っている。そして頭蓋骨は脳を閉じ込めているので、個人的な才能と能力は頭蓋骨の表面に内接された脳の領域の過発達あるいは未発達であるということを読み取ることができるのだ。家庭で包装入りのクリスマス・プレゼントが、その箱に対して少し大きすぎる部分に対応して膨らみを持つように、頭蓋骨も特定の個人の特質を司る過発達部分に対応する膨らみを持っていて、そうすればその人物に、当人の隠れた能力を告げることができる。

これは一九世紀後半までは、それ自身が未熟な論理の実践しか持っていない主流の解剖学の業界からは軽蔑の目で見られていた。考えの土台は、大きな膵臓がより多くのインシュリンを分泌するように、大きな脳はより多くの想念を分泌するということにあった。それゆえに、大きな脳を持つ人々は小さな脳を持つ人々より知的な才能を与えられているわけだ。[23] この考えを一八四〇年代に強く唱えた初期の一人はフィラデルフィアのサミュエル・ジョージ・モートンであり、彼はまた骨相学の信奉者でもあった。ところが小さな脳の天才と、大きな脳の愚か者を見つけることは容易かった。

それならばおそらくは、頭の大きさと表面の細部に加えて、あるいはそれらの代わりに、頭のおよその形が何か影響力を持っているのではないか。ある人々（そして集団）は長い頭を持つ。他の人々は短く、広い頭を持つ。一九世紀中葉に発達した標準化した測定と大げさな科学的用語法では長い頭を長頭的、そして広い頭を短頭的と記述した。もちろん人々を記述することにおいては、彼らは正確だった。しかし彼らの歴史そして社会的状況の説明としては、それは科学的に主流だったにも拘らずナンセンスだった。[24]

早期の人類学者フランツ・ボアズは、経験的に移民の頭の形をその子供および家族やその他のメンバーについて対比することで、記述以外を目的とする頭の形の価値を暴露し始めて、この特徴は環境によって大きく影響を受けることを示した。[25] 一方で、早期の身体人類学者アレシュ・ヘリチカは骨相学について、そっけない丁寧さをもって書いていたが、グリーンランドの最近死んだエスキモー（イヌイット）の脳を検査する機会が与えられたとき、それに飛びついた。彼の一九〇一年の論文「エスキモーの脳」は、「エスキモーの腕」や「エスキモーの肝臓」がそれに続くことはなかったので、明らかにその器官を特に大きな科学的関心の一つと見做していた。ただし彼がそこから学ぼうと期待したものは明らかではなく、きわめて無遠慮にも「白人の脳から……顕著な違いがあるので……エスキモーの脳が将来獲得されることはたいへん望ましい」と結論していた[26]。

しかし一九二〇年代までには、文化は頭の中に見つけられるものではなく、むしろ人々の脳の上に影響を及ぼす環境の一部をなすものだということが明らかになってきた。これは全ての脳が同一だと言うことではない。腕や肝臓と同様に、それらの相違は、なぜ異なったグループの人々がその流儀で行動するのか、あるいはなぜ彼らがそうするような歴史を持つのかという問題とは概して無関係だと言うことである。病理学的な場合には脳の構造は興味深いかも知れない。しかし脳は、その人たちが何の言語を話そうが、社会的背景、階級、食餌、伝統、また価値が何であろうが、全ての正常な人々の中できわめて同じように機能する。

一九五〇年代までに身体人類学（形質人類学）もまた、頭の寸法や形の測定に有用性はあるが、そうしたものも、なぜ異なるグループの人々がその流儀で考えたり行動したりするのかという疑問には関わっていないという認識に至ってきていた。この最終的な理解は、ナチスの身体人類学も人類遺伝学と同様に、アメリカの相当物と全部が全部異なるものではなかったので、第二次世界大戦後に間違いなく根本的な再概念化が必要だったという事実の結果だということである[27]。

しかしながら頭の研究は、解剖学の原理についての例外を必要とした。それは、形態は機能に従うという原則だ。新しい身体人類学[28]は、一九五一年にシャーウッド・ウォッシュバーンによって命名されたのだが、結局は文化人類学のあとを追うことになり、精神的な特質や機能に見られる変異は頭の形の身体的な変異と無関係であることが自明となってきた。正常な人間の頭には広い範囲の変異があり、そして正常な人間の思考にも広い範囲の変異があるが、それらは互いに最も粗い大まかなやり方でのみ図上に描き出すことができる。ある人の文化的な相違は頭蓋の相違の観察からは合理的に推定できない。また文化的な類似を頭蓋の似方の観察から推定できない。その理由はそれらが認識論的に結びついていないからということである。つまり文化的相違は歴史の産物であり、生物学の産物ではない。

こうして、頭は我々の種の大部分を通じて多少とも交換可能となり、そしてその中の脳は、病理学的あるいは極めて通常でないケースを除けば、他の誰かの脳ができることは自らもできるという理解に達した。結果的に、我々が民族誌学、あるいは化石的記録の中で近代的な人間の頭蓋に出くわした時、それは、我々のような正常な近代的な人間の脳を宿しており、そして正常な近代的な人間の考えの全範囲を考えることができると推定することが可能となった。それが頭の人類学の二世紀の研究から引き出せる最良の推定と見られる。[29]

シンボル的音声コミュニケーション、あるいは言語

身体人類学者ウィルトン・クロッグマンは一九五一年に『サイエンティフィック・アメリカン』誌に「人類進化の傷跡」という古典的な記事を書いた。[30] それは二足歩行すなわち我々の系統を決定づける特徴が、どうやって我々の身体と結び合わされたかを説明していた。換言すれば、二足歩行はそれと共にもたらされたマイナスの結果以上に、人間にとって中心的なものだった。マイナスの結果には脊柱側弯、背中の痛み、痔、静脈瘤、出産困難などがある。

信じるのが困難かもしれないが、人間の最も基本的なもう一つ適応の進化――コミュニケーションの方法、あるいは言語――は十分に論理化されていない。言語は象徴的な思考の源であり、もしそれを使って考えることができれば、同時にそれを話すこともできるというのは、明らかにとても良い進化的な革新である。そして二足歩行に似てこの言語というものも、それが機能するために間接的に解決せねば

ならず、そして完全には解けていない身体的な問題を作り出した。

まず、言語の使用は人間の頭を大きくした。象徴的なコミュニケーションには大きな脳が必要で、その使用を適切に行う方法を学ぶための未成熟な期間の延長も必要とする。[31] 言語の使用が困難なことは、それがどのくらい困難かをほとんど適切に評価もできないほどだ。まず基本的なところから取り上げてゆくと、我々はどの音が意味をなすかを学ぶ。「s」と「sh」は同じ音の複数の表現なのか、あるいは異なった音なのか？　「l」と「r」についてはどうか？　また「r」と「rr」は？　あるいは「ハヌカー Chanukah」における「Ch」とか「ザ―ザ ZsaZsa」における「Zh」はそれ自身の音なのか、または「Hanukah」や「Cha - Cha」の奇妙な変種なのか？　もしあなたがそうした音を使うとき、自分がこの界隈の者でないこと、あるいは最低限、それを含むその単語が自分たち自身の単語の一つでないことを認識している。「シボレス shibboleth」の中で響く「sh」の音についてはどうか？　その音を――「s」の音の変種として聞くのではなく――認識することは、生と死ほどの違いがある。創世記一二：六の審判は彼らが、ギレアディテスによってその基準で殺された時それら二つの音の間を区別さえできたらと願った四万二〇〇〇のエフライムのストーリーを語る。もしそれがあまりに縁遠いことのように聞こえるとしたら、スペイン語を話すドミニカ人の「パセリ」に相当する単語を適切に発音することに失敗したらフランス語を話すハイチ人が殺された一九三七年の「パセリ大虐殺」を考えてみよ。[32]

我々はまたそれらの音を組み合わせるやり方を学習し、それらを対象物や行為や、あるいは状態に言及するために使う。そうした音の組み合わせを「語彙素 lexem」と呼ぶこともできるが、単純化のために、ただ「単語」と呼ぶことにしよう。我々はそれらの単語を意味のあるやり方で組み合わせる仕方を学習する――叙述、質問、賞賛、予言、快適、召喚、楽しみ、そして命令のために、配列することのできる無数の文法形態のうちのどれかを使う。そしてそれら全部の上に立って、我々は音、その一致、そして組み合わせの規則に伴う抑揚、皮肉、そして身振りなどを学習する。

この意味で、我々のコミュニケーションは明らかに種特異的ではなく、チンパンジーのコミュニケーションと照らして見て、単一の特徴であり、むしろきわめて局所的で、コミュニティ特異的である。それはあなたを個人として特定するだけでなく、同時にまたあなたを「個人」という範疇の中で、そして一般にかなり狭い時間と空間の中で局在化する。これら全ての代償は、産道を通ることにほとんど適応していない赤ん坊の頭蓋の中の脳〔の未成熟〕である。そしてその問題の解決は、出産を社会化することだ。類人猿はうずくまって出産するのに対して、人間はほとんど常に周囲に他の誰かのいることが必要である[33]。

第二に、言語は我々の咽を再構成した。それらすべての音を発音することを助けるために、我々の喉頭は喉の中で、それらの音を発音できない類人猿や赤ん坊のそれよりも低く位置している。喋ることはまた類人猿ができるのよりはるかに複雑な息のコントロールを必要とする[34]。我々が支払う代償は我々の肺の中への空気の通過と腹の中への食物のそれがいまや食い違うということである。それは類人猿では無いことである。それは、我々はチンパンジーが可能であるよりもはるかに容易く我々の食物で窒息しやすいということを意味する。解決策は、あまりに速く食べてはいけない。そして飲み込んでいるときには息をしないよう試みることだ。

第三に、言語は我々の喉や脳だけではなく、歯にも作用した。サルと類人猿はしばしば大きな、二形性の犬歯を持つ。それを彼らは社会的脅しと時たまの実際の闘争に使う。古典的な性選択の理論は、雄が活発に番いを求めて競合する種では、彼らは犬歯を使ってそうするのだと述べている。雄と雌がペアになるがゆえに番いを求めての競合が少ない種では、多かれ少なかれ一夫一婦制のテナガザルのように雄と雌は同じ大きさの犬歯を持つ。これは、おそらくきわめて正しいと、しばしば性選択が人類種では減少してきたことの証拠として援用されてきた。問題は、それらのテナガザルの犬歯は、二形性ではないが、同時にまた実際きわめて大きいということである。我々の歯は、二形性ではなく、小さい。なぜか？　それはおそらく大きな、噛み合った犬歯を通じては分かり易く話すことが困難であるからである。ヴァンパイア（あるいは、一度はそれを演じたことのある役者）に問うてみよ。犬歯の縮小の対価は、犬歯を我々自身の種の他のメンバーを脅すために使えず、また他の種のメンバーに対しての防御にも使えないということだった。そこで我々は道具を使い始めた。

さらに、言語がいかに強く性選択の効果を緩和したか見ることもまた難し過ぎることではない。ほとんどの霊長類の種では、大きな犬歯を持った大きな雄は物理的に他の雄だけではなく、雌をもまた支配できる。ボノボは、攻撃的な雄に対して彼らが組織的に行動するよう、社会的そして性的に雌を結合させることによって出し抜く。人間は同じ問題に対して違う解決策を持つ。言語は女性の犠牲者に男性の襲撃者を名指しすることを許すので、それゆえ彼女の友人や親戚は将来において、彼を罰することができる。チンパンジーのように振る舞う人間の男性はそれに対して高いコストを支払う可能性が高い。

そして最後に、我々の脳、喉、そして歯を作り変えたことに加えて、言語はまた我々の舌を作り変えた。我々が音を発音するために、我々の舌は類人猿の舌より筋肉質で、丸く、勢いが弱くなった。このためのコストはたいへん大きかった。類人猿は多くの哺乳類がやっているように、喘ぐことで熱を発散する。しかし人は舌を主に喋るために使うために、身体は熱を発散する他の方法を作り出さねばならない。我々の祖先は我々の皮膚に、蒸発熱で冷却するために汗腺を詰め込むことによってこれをした。しかし蒸発熱での冷却は裸の皮膚で最も効果的に働く、それゆえ我々の体毛は類人猿の物よりも短くまばらにならねばならなかった。

しかしながら、我々が言語の進化について知らない全てのことのために、それは我々に人類の進化と生物学において決定的な教訓を提供する——すなわち、「学習された」と「遺伝的な」は対義語ではないということである。言語は「遺伝的にプログラムされている」（人間がコミュニケーションするために生物学的に進化してきていることは常道であるゆえに）のと、「学習される」（その内容は子供の期間を通じて、そしてその後でも活発に獲得されるゆえに）の両方と考えられねばならない。それゆえに、遺伝的対学習的の二分法は必然的に偽りの物であるということを意味する。適切な最低限の状況下で（すなわち、人々の会話を定常的に聞くこと）、正常な人間の子供はこの種特異的なやり方、すなわち他者に話しかけることでコミュニケーションすることを学習する。正常なチンパンジーは決してしない。それはそうするように作られていないのだ。

会話は単に種特異的であるのみならず、それは個人の地域的なグループにも特異的である。結局、「我々」はただ喋る生き物ではない。我々はたいへん個別的なやり方で喋る生き物なのだ。「我々」は、我々の隣人ギレアディテスとは対照的に「シボレス」の「sh」の音を発音する人々である。「我々」は、それを何か他のように、例えば「ビブロス」とか「セファー」のように呼ぶ。未開人とは対照的に、本を「本」と呼ぶ人々である。我々はスペイン語の単語「pero」と「perro」の「r」の音の間を区別しない。むしろかなり同じように聞こえる人々である。しかし実際には一方は「しかし」という意味であり、もう一方は「犬」という意味である〔pero＝しかしながら、perro＝犬〕。こうして、言語は単に新しいコミュニケーションの媒体であるだけではなく、根本的に分割の媒体、所属のしるしでもある。(35)

歩くことと喋ることは人間に最も根本的な二つの行動で、それらが韻を踏んでいることはきわめて興味深いことだ〔walk と talk〕。それゆえ、あなたが窒息し、汗をかき、硬膜外に向かって叫び、あるいは歯の中にあなたを守るための手段を欠いているがゆえに自分を守るために武器に手を伸ばす次の機会には、我々の身体のパーツは相互に連結されていて、そして言語は、とても多くの他のやり方で何かを訴えかける良い方法だったという事実を省みてみよう。言語には五番目のコストもまた存在する。黙るべき時を全く知らない人々の話を聞くことである。

第6章

生＝文化的進化としての人類の進化

生物学者が倫理性の進化を論じている文献の数は、かなりのものがある。ただしここでは倫理性を利他性および協力として定義しており、これは倫理性の通例の定義とは違っている。倫理性とは正しいことを間違いから分けて考える知識であり、正しいことをするための命令だ。生物学的な有用性との顕著な違いは、倫理性には知識と規則に従う行動が含まれていることだ[1]。チンパンジーは倫理性を持っているのだろうか？　チンパンジーは、たしかにランダム（無規則）には振る舞わない。彼らは一般に、どういう行動が期待されるのか、もしそうしないとどういうことになるかを知っている。しかし罰せられずに何かをやり通すことはできないと認識しているのでそれをしないということと、単に何かが間違っているからそれをしないことの間には根本的な相違がある。後者が倫理性である（前者は、カント主義者によれば分別である）。

倫理性の起源は人間性の起源である[2]。第2章で書いたように、起源神話はかなりはっきりそれを説明しているのにも拘らず、この点はひろく誤解されている。昔々、古代ヘブライと思われるところで最初の男と女が美しい庭園に住んでいた。彼らは身体的に人間で、精神的にも人間だったが（つまり物事についての会話したということ）、しかし社会的に人間ではなかった。彼らは正しいことと間違ったことの区別を知らず、多かれ少なかれ他の動物と似たように暮らしていた。すなわち裸で、自分たちを導く規則なしで。規則は樹――善と悪の知恵の樹――の果実の中にあった。しかし彼らはある程度人間の形をしていて、喋る動物以上のものであり、自分たちが持っていた一つの規則すら守れなかった。そしてついに果実を食べ、規則を学んだ。最初の規則は、服を着ろということ、動物は裸だがお前たちはそうであってはいけないということだった。しかし、いったん彼らが規則を学ぶと、引き返す道はなかった。牧歌的な庭園の生活を追われて、自分自身を養うために働き、労働と悲哀の生活にたどりつく現実の人間になった。(3)

創世記の物語は人間の生物学的起源についてはわずかしか触れていないが（創世記二）、人間環境の文化的起源についてはこれより詳細である（創世記三）。我々を人間にしているものは正しいことを間違ったことから区別して知っているということであり、そしていったん正しいことを間違ったことから区別して知れば、あの至福の無知の状態には引き返せない。そうした無知の状態は無倫理的であり、それが部分的に許されるのは、完全に人間ではないと考えられている者、つまり動物、子供、そして外国人のみである。

それゆえ無倫理性は選択肢にない。物語は先に進んでアダムとイヴがその果実をいったん食べたあとには、本質的に近代的な人間になった。つまり彼らは倫理的な生物――彼らの子孫である我々と同様――になった。しかし無倫理性が選択肢でないとしても、依然二つの道がある。倫理性と反倫理性である。カインがアベルを殺すとき、彼はそれが間違ったことだと知っている。しかし彼はそれを実行する。そしてそれを隠しおおせようとする。これが反倫理性であり、これはまた受容できない。我々に残されたのは、人間社会の最も根本的な形――いかなる人間社会においても許されている道だけである。「あなたは善を悪から区別することを学ばねばならない。そして善を選べ。さもないとここでは歓迎されない」。善と悪に関連する規則はたいへん局地的なものかもしれないが、それを知らなかったり、それに従わなかったりすると、社会の永続する一員でいられないだろう――どこの、どんな社会においても。

だからエデンの園の物語は、創造説論者が受け取っているよりもずっと重要で普遍的な意味を持っている。それは人間の状況の文化的起源についての物語だ。規則に支配された行動というものがあることと、それらの規則を守ることの必要性を説明しようとしている。それらの規則なしでも、我々は動物ではあるだろうが――ここでは「動物」を「人間未満」という文化的な意味で使っており、「非＝光合成の多細胞生物」(もちろん我々はそれに属しているけれども)という生物学的な意味ではない。そしてもし規則に従わなければ、我々はここでは、あるいはどこにおいても、歓迎されない。その論点は創世記においては繰り返し述べられている――カインに対してだけでなく、悪玉の世界で唯一の善玉であるノアに対しても。そして辛うじて人間の時代をソドムとゴモラの悪玉から逃れさせたロトに対しても。少なくとも悪玉はいまでは局所的になり、全体的ではなくなったけれども、しかし物語は依然として善と悪についてのものであり、アダムとイヴがエデンにいた間は、そんな区別に煩わされることはなかったのだ。

その話の解釈には多くのやり方がある。しかし創造説論者はそれが本質的に表面通りの価値で受け取られるべきだと信じている。そして表面通りの価値に受け取れば、それは人間という生物種の創造よりも、人間の状況の創造についての話である。(4)

「倫理性」のモデル作りをする進化生物学者は、すべての種が従わざるをえない生存と生殖のダーウィン的な至上命令に焦点を合わせる。だが実際のところ倫理性というのは、そうしたダーウィン的適応の宿命に逆行している。最も根本的な倫理の至上命令では、適応の至上命令がまず与えられたものという位置に置かれてしまうことで、〔ダーウィン的適応と倫理という〕両者の合致はさらに難しくなってしまう。

生き延びるには食べなければならないが、食べることのできないものがあって、それは他の人間たちである。

生殖しなければならないが、その周辺をうろついてはならないある種の人たちがあって、それは他の家族の成員である。

もし生存と生殖を最大にすることが真に問題であるならば、我々は利用可能な食物や番い相手のリストから、それらを除外しないだろう。倫理性は根本的に規則であり、規則は根本的にはタブーであって、二つの最も根本的なタブーは食人と近親姦に対するものだ。実際それらの規則はごく基本的なもので、ほとんどどの文化においてもそれを破ることは文字通り考えられない。聖書に出てくる食物タブーについてはどれも（豚を、兎を、ラクダを、ロブスターを……食べてはならない）、誰も気にさえしない。ただしこれは、人肉食が適法であるということではない、人肉を食べることは、およそ考えつきもしないので、実際にモザイクレーダーにすら掛からない。聖書はそれについて死に物狂いの、神無き人々の最後の行為として話す。たとえばレヴィ記二六では、

しかしもし……あなたが私に従わず、そして私に敵対し続けるなら、私は激怒してあなたに敵対を続けるだろう。私は対価として私自身であなたの罪を七倍重く罰するだろう。あなたは自分の息

子の肉を食べ、そして自分の娘の肉を食べるだろう。私はあなたの高い所を破壊し、あなたの香の祭壇を斬り倒すだろう。私はあなたの偶像の屍の上のあなたの屍を積み重ね、私は心であなたを忌み嫌うだろう。

近親姦はさらにもっと面白い。神が言うには「安息日を敬うべし」（戒律四）。しかし「姉妹と交ってはならない」という戒律は、特に言われていない。神はレヴィ記一八：九の段でようやくこうした行為を、家族の他のメンバーとのいちゃつき禁止と並んで言う。

奇妙なことに、聖書は近親姦に対して曖昧で許容的である。創世記の長老アブラハムは実際に彼の半姉妹であるサラと結婚した（もっともそれは、禁止されていない、二編後までは）。彼の甥のロトは、妻と娘を伴ってソドムとゴモラから逃れ、妻は道中で塩の柱と化してしまうのだが、彼らが安全な場所に辿り着くとすぐさま、娘たちは彼を略奪する。憎むべき罪にも拘らず、彼らは自発的にはその後燃焼しない。彼らはただモアブとアモンという名の子供たちに生を授ける。

すべてのうちで最も奇妙なのは、善人ノアは、箱舟を揚げ、動物を外に出し、最初の虹を見て、そして素早く酔っ払ったことだ。そして酔っ払って正体がなくなっている間、息子のハムが彼を訪ねてきた。

彼はいくらかのワインを飲んで酔っ払った。そして彼は彼のテントの中で覆われずに横たわった。そしてカナーンの父親のハムは父親の裸を見て、彼の二人の兄弟に外へ出るよう言った。そこでシェムとジャフェスは衣服を取り、それを彼ら両者の肩に掛けた。そして後ろに歩き彼らの父親の裸に掛けた。彼らの顔は背けられており、そして彼らは父親の裸を見なかった。ノアがワインから醒めて、最も若い息子が彼に何をしたのかを知ると、彼は言った。「カナーン、呪われよ、最も身分の低い奴隷を彼の兄弟にしてやる。

創世記九のテキストが言っていることは、ハムが彼の兄弟に彼が父の裸を見たと言うことだ。そのことが理由で、ノアはハム自身よりもむしろ、ハムの息子を呪う[5]。これはとても公平とは言えない。なぜならカナーンは何も悪いことをしていないからだ。そして彼の父がしたことの全部といえば、彼の兄弟にノアは裸だと告げたことだけだった。祖父が酔っ払った水夫そっくりの生まれたままの姿で酔っ払って正体を無くしたことはたしかにカナーンの落ち度ではない。

この一節に関して何世紀も議論が重ねられたあげくの結論は、犯罪との関わりの大きさや、導き出される（不）正義に関しては、このくだりはほとんど意味をなしていないということだった。聖書はどこにおいても、彼自身の息子がもし彼がそれをしたとして呪われるとしても、男の子が彼の父親の裸を見るべきではないとは決して言わない。おそらくは、息子と父に関与する何らかの種類の暗黙の性犯罪が、話の失われた部分にはあったのだ[6]。

ロトとノアは双方とも明らかに、ある形態の近親姦――家族のメンバーに関与する性的タブー――の犠牲者である。片方の場合には明らかに娘との、そして他方の場合は暗黙に息子との関係である。ただし両方の事例とも、その実践はとても目立つので、それはおそらく、まるで違う何かの事情――つまり、政治がからんでいるのだろう。これらは捻くれた種類の起源神話である。当時まで遡って、書き物が今日のセクスティング（SNSで性的な内容を送りつけること）のようにたいへん物珍しかった時期には、中東には地位（と土地）を巡って張り合ういくつかのゆるく結合した「部族」があった。三つの主要な部族はアモニテス、モアビテス、カナニテスで、そしてもちろん彼らはヘブライ人で、我々まで伝わってきた物語を書いた人々である。そして彼らは全て、その身分（アイデンティティ）を神話的な祖先／始祖者から受け継いでいた。ヘブライ人はノアのひ孫のエバー（良い息子の一人のシェムを通じて）の子孫だと主張した。そしてその名前をイスラエルに変えたヤコブ以来、「イスラエルの子供」であった。

それではその子孫となったライバルは誰なのだろうか？　それは恐ろしい性的犯罪の産物である。ノアの男色の息子と、ロトは娘を捻り出した――カナン人、アモン人、そしてモアブ人である[7]。

要点は、近親姦は、聖書において性的犯罪であるのと同様、政治的犯罪でもあるということである。それはその犯罪者の子孫の不明瞭な未来を損なう。そしてそれらの子孫は土地の権利を持つに値しないと示唆されるかも知れない。それは影響の強い要素なのだ。

近親姦と人肉食は広範にわたる基本的なタブーである。それらに関わったとして誰かを告発することは政治的であり、同時に相手の人間的権利の剥奪でもある。ローマ人はキリスト教徒を悪魔化したかったとき、赤子の生き血を飲むのだと告発した。何世紀も後にキリスト教徒がユダヤ人を非人間化したかったときにも、同じ罪を告発した。近代の想像力ではヴァンパイアは人間の血を飲み、ゾンビは人間の脳を食べるが、人間は人間を食べない。人々が家族の成員と性交渉を持たないのと同じである。たしかに一八四六年に雪のシエラ・ネヴァダ山中で飢えたドナー隊とか*、人間の身体の部分に魔法的な力があるとして儀式的に食するある種の文化とか、近親姦で生きた神とされた王家のファラオのような例外はある。しかし、もし誰かをこうした事例のどれかを理由として告発する場合には、その告発される者は人間以外の者であって、人間社会を支配する最も基本的な規則に留まっていないと強く言っていることになる。そしてそのことをどんな言語でも明言することができる。というのもこのタブー、そしてそれを犯したと告発されることの意味するところは、とても広いからである。

　そしてこのことが倫理性の最も基礎となっているところだ。それができない理由は、人々がそれをしないからである。そしてそれをすることは、人間であることを事実上終わらせるのだ。もちろん境界線上の事例はある。パートナーの精液を摂取するのが大いに結構なことであっても、それはカニバリズム（食人）の行為ということではない。怒ったニューヨーカーが「俺を食っちまえ！」と叫んでも、それは挨拶を意図したものではない。同様にまた、いとこ結婚はいまだに全体の約一五％にのぼり、歴史的には実際ごく最近になってから近親姦的と考えられるようになった[8]。それは聖書では禁止されていない。チャールズ・ダーウィンの妻のエマ・ウェッジウッドは、彼の母の兄弟の娘だった。実際そうした結婚は今日カリフォルニア、ニューヨーク、そしてアラバマでは合法であり、テキサス、ミシガン、そしてネバダにおいて非合法である――ただ、大部分の現代のアメリカ人がいとこ結婚に対しては、同胞（シブリング、普通にいう兄弟姉妹）結婚に対するのと同じようにとても賛成できないという嫌悪を示すだろう。

人肉食タブーの起源

　なぜ我々は人肉を正餐で取ることができないのだろうか？　厳密なダーウィン的宇宙においては、それは悪い適応に見える。結局生きるために食べなければならない。何であっても、ボブおじさんになる

＊一八四六～四七の越冬遭難の事件では、「某さんを食べることを考えた」という会話が、同行者の一人の日記に書かれている。

はずの大きなタンパク質の塊は、捨てなければたぶん生き延びる機会がそれだけ増すだろう。チンパンジーはそんなに気まぐれでない。彼らは互いの赤ん坊を殺すとき、それを食べる。ただ興味深いことに、他の成体のチンパンジーを殺した時には、通常それを食べない——もっとも彼らは死んだ成体から、あちこちを齧り取ることは知られてきた（気になっているかもしれないから言い足すと、通常それは生殖器である）。なぜ彼らが幼い者は食物とし、成体は食べないという区別をするのかは分からない。人間はそんなふうにしない。自分の種の成員は年齢がいくつであろうと、正常な通常の人間にとって食物源ではない。他人を食物として消費することは、あなたが異常であって普通でないか、環境が普通でないかである。

チンパンジーは食物の選好性を示すがタブーはない。食物タブーは、一般に人間であることの一部であり、それは自然の世界に強制的に重ね合さされた任意のシンボル的（象徴的、記号的）な区分け、つまりある物は食物であって分類上は完璧に食べられるのに、それを食物でないと感じることに、関係がある。タブーは学習されるもので、本能的なものではない。なぜならタブーとなる対象物は、いろんな形で反感と嫌悪を引き起こすことはあるとしても、それは時代によって変わるからだ。たとえば洗礼者ヨハネは、レヴィ記に記された食物適法に従えばボウル一杯のイナゴは平らげただろうが、*マック・リブサンドイッチを食べるという考えにはぎょっとしただろう。しかしバーベキューは避け、虫食を好む今日のキリスト教徒とかユダヤ人を見つけたら、ひどく当惑させられることだろう。

他の人間を食べないということは最も基本的で普遍的な食物タブーである。たいていの食物タブーはもっと地域的だ。ある人々は豚肉を食べ、他の者は食べない、ある人々は犬肉を食べ、他の者は食べない。人によってはそこらでたまたま出くわす昆虫とか有毒なフグとかトゥインキー**とかその他何でも、栄養になるかもしれないし、美味そうだし、珍しいのでちょっと、という具合に手を出す。これは健康に無害で腹ごたえがあり消化できるものと、そうでないものを比べてみる生物学的な世界ではなく、ともかく食べられるだろうというものを、そうでないものと比べてみるシンボル的（象徴的、記号的）な宇宙である。

シンボリックな境界は人間の思考にとって本質的である。もちろんそれは空想的なものだが、こうした境界は、あるグループの人々のアイデンティティ（独自の固有性）にとって決定的であり、何が適切な自己装飾として考えられるか、あるいはどうやって相手と適切なコミュニケーションを行うかという意味のもとで枠決めされる――これはつまり文化の「境界作用」ということだ。ただしこの場合、シンボリックな境界はサリーを着た者とブルージーンズを穿いた者の間に、あるいは「s」の音と「sh」の音を区別する者としない者の間に横たわるのでなく――人間と見做される者とそうでない者の間に横たわっている。このひろく広がっている規則はこうである。動物は人を食べる、人は「人を」食べない。

この区別の最も顕著な表われの一つは、出生過程に見出される。出産は、類人猿と人間の間では重要な違いがある。妊娠した類人猿は通常座り込み、そしてその新生児の頭は人間のそれより小さいので、母親は子供を静かに一人で産み出す。それから続けて、彼女は胎盤と臍の緒を食べる。人間の母親はそうしない。実際文化人類学は、人間の母親が時々胎盤を食物として消費することがあるのは近代の都会のカリフォルニア人（とその手伝い人）だということを知っているだけである。女優のジャニュアリ

*レヴィ記で、動物の食用の可否を雑然と列挙している中に、「虫」のうちでもイナゴ類は可とされている。

**甘ったるい棒菓子ふうのもので、商品名でもあるようだが、とりあえず「駄菓子」というイメージと思う。派生語で全然違うスラング的な使い方もあるらしいが。

ー・ジョーンズは二〇一一年の出産後に『ピープル』誌に、胎盤を乾燥させてカプセルに入れ、その後いつも飲用していると暴露されて、ゴシップの見出しとなった[9]。

それは賢明で、喝采に値する、自然なことだ。サルにとってはその通り。人間には一般に、儀式的に胎盤を処理する他人が存在する（それはその場に誰かが居合わせるからで、その理由は人間の出産が他の霊長類種の場合よりもたいへん困難だからである）。猫を食べることのようにそうすることができないのは生物学的な理由からではない。猫については、単にむかむかすると思って、代わりに通常の食物を食べるだけだ。世界中の人間が自分たちの胎盤を食べない理由は象徴的なものだ。その行為は人肉食に通ずる胎盤が注意深く対処され、儀式とタブーによって管理される理由は、それが上等のステーキのようではなく、人間の死体のようだからである。

人の遺体は、もちろん一般に儀礼的に扱われる。儀礼の一部として、死者の小さな一部分を食べることが行われることもあるが、これはただ、生と死がどんなに象徴に満たされているかを示すために行われる[10]。古代ギリシア人によれば、タイタン王クロノスは子供たちを食べたが、もちろん彼らは人間ではなかった（彼らはその後、神になった）。しかしアキレスのように人間になると、たしかにたくさんの敵があった──アキレスは瀕死のヘクトールの上に立ちはだかり、怒り狂って、お前を滅多切りにしてこの場で食ってやると言った[11]──ただしもちろん、そんなことはできない。人間の戦いでは、そういうのは当時からお定まりだった。敵に恐るべき侮辱を加えるにしても、食うことはしない。なぜならそれは、当人に向かって「恐るるべき」以上のことを言っていることになるからである。もちろん自分が人間でないことを他人に信じ込ませたければ、彼らの注意を引くのにかなり効果的なやり方ではある。

通常死んだ人間の身体は象徴的な力に満たされた物体だ。ほとんどどの文化も、死者に触れることにさえタブーを持っており、ましてやそれを食べたりはしない。ただ、もちろん死者を外部には放って置かず、胎盤に対してと同様にそれを処理する。処理では肉の除去、埋葬、火葬、保存、祈祷、集会その他が実行される。実行は死者の状態によっても変わるが、死体（遺体）は儀式的に扱われ、自然には任せない。新しい生命と新しい死には、どちらの場合にも摂取されるべき多くのタンパク質がある。しかし人間はそれらを利用しない。規範に則って人間の肉を食べる場合には、それは一般に医薬として、あるいは儀礼としてのもので、栄養源としてではない。そうすることはたいへん不快であるし、とにかく適切ではない。これは人間存在の象徴的な中心なのだ。(12)

近親姦と家族の起源

食べることが可能であるにもかかわらず食べることのできない特定の食物があるだけではなく、本当は熱中してあなたを愛し得るにもかかわらず、あなたが結婚したり性交渉を持ったりできない特定の人たちがある。あなたの母親から話を始めよう。ここでもまた、「俺を食っちまえ、マザーファッカー！」と申し渡すニューヨークっ子は、相手に敬意を払うつもりなのではない。近親姦のタブーに触れる言い方は、きわめて広くどこにでもある侮辱だ。

このタブーの対象者は、場所によっていくらか変化する。先にも言ったように、いとこは好んで選ばれる相手、あるいはタブーの相手のどちらにもなる。「いとこ」は両方であり得る――母親の兄か弟の子は適正な相手と考えられ、他方で母親の姉あるいは妹の子は近親姦的と思われていたりする。血縁のない義理の関係もまた同じタブーの範囲に入るとされることがある。聖書の近親姦の禁止は特に男の継母、叔母（すなわち叔父の妻）、義理の娘を、それらが血縁関係でないのにもかかわらずタブーの範囲に入れている。[13]

これらのタブーの起源はおぼろげな過去の中で失われている。ある一般的な理論では近親姦タブーは、一緒に育った誰かと性交する見通しに対して「ゲッとなる」反応を起こさせる本能的なプログラムの結果だとする。[14]ここで引き合いに出されているデータは、中国の「子供結婚」ではリビドー（性的欲動）が小さいことと、キブツで互いに結婚するように一緒に育ってきたイスラエル人が互いに結婚したがらないことだった。[15]他方で、もし一緒に育った者と一緒になりたがらない傾向が、もし我々には自然にあるとしたら、なぜそれを補強するような文化的タブーが必要なのだろうか？　文化的な規則は、我々がしたいことを止めるのに必要なのであって、我々がすでにしたくないことを今さら止めるためのものではない。[16]さらに、もし先天的な性質が、本当にそれが生ずることを妨げるほどには強くないのだとしたら——(1)規範に準じていても近親姦は起こるので、[17](2)我々は明らかに文化的禁止を必要としている。そうであるならば、そうした想像される性向を本当に説明するものは何なのか？

近親姦タブーは一揃いの規則（あるいは、かなりの重複を伴った多くの規則の複数の束）なので、原理的にはそのままの状態で、それを説明する必要がある。これらの規則はどこから来たのだろうか？　ジグムント・フロイトは、有名なことだが、その説明の中心核として母と息子の関係に焦点を合わせた。息子は彼の母親を性的に欲望する——「エディプス・コンプレックス」。それゆえ息子は、そうした欲望を遂げることを禁止されなくてはならない。その証拠は精神分析にあり、経験的ではない。それゆえ近年では支持者は少数しかいない。

一方で霊長類学は、違う雄＝雌の対について違う見方を示唆している。兄弟と姉妹の関係である。その理由を見るためには、人間の生活が類人猿の生活とどう違うのかという調査に手をつける必要がある。

そこには二つの関係する考慮すべき変数がある。第一に、性的に成熟した霊長類が自分の自然なグループから移動する動き。そして第二に、人間の成熟、特に社会的成熟が遅いことだ。

人間以外の霊長類は、近親交配を最小化するための色々な行動戦略を採用している。若者のヒヒは、その群れの成員たちにとって社会的脅威となるほど十分に大きくなる前に群れから追い出され、成体として自分が生活をしてゆくために他の群れに入ってゆく方法を見出さねばならない。若い雌のヒヒはまとまって一箇所にいる。それはチンパンジーとは逆で、こちらでは雌が移動し、雄が定住する。雄は、一緒に育った他のチンパンジーと一緒にいるのだ。ある霊長類はチンパンジーのやり方に従い、他の霊長類はヒヒのやり方に従っている。さらにそれらの混合もある。ただ霊長類が一般にしないことは、異性の同胞と一緒に過ごすことである[18]。

人間では成長が遅いことが特徴となっている。というのも生存のために学習と社会化に依存することが多いからである。我々は、適切に動き回り始めることができるまでに二年掛かり、そして適切にコミュニケーションができるようになるにはもっと掛かる。我々ははるかに長い未成熟期間、つまりそれぞれの子供が生き延び生殖に成功するという期待に対して前倒しされた投資というものを抱えている。そこで、チンパンジーでは最初の永久歯を三歳頃に得るのに対して、人間の最初の永久歯は五歳頃まで生えてこない。そしてチンパンジーでは一一歳頃には親しらずが生えるのに対して、人間は二倍の時間待たねばならないかもしれない。実際人間の成長を研究するに当たって、我々が類人猿の人生を――幼児期、青年期、そして大人期と――分割する各期間は、人間の発達の幅を描写するのには不適切である。人間の人生においては、その長寿と複雑さを調和させるために余分な分割を必要とする。それゆえ我々は幼児期と青年期の間に「子供期」を、そして青年期と大人の間に「思春期」を導入する[19]。

この遅い成長から、人間の母親にはチンパンジーの母親が免除されていることが求められてくる。納得してもらうために、チンパンジーの母親と人間の母親が例えば一〇万年前にだいたい同じ間隔で出産したと想像してみよう――たとえば四年おきとしてみよう。もちろん人間の母親には出生にからんで困難な時期があり、分娩の前後一定期間は実質的に無能力化される。ただ双方の新生児とも、母親が世話しなければならない四歳の「きょうだい」がいる。しかしチンパンジーの四歳は人間よりかなり「ませて」いる。双方にはまた八歳の「きょうだい」もいる。しかしここでは相違は一層際立ってくる。八歳のチンパンジーは性的に成熟しており、母親から独立している。そして母のもとを去って他の集団内へと社会化されるように促されている（もしそれが雌ならば）。八歳の人間では四年生〔アメリカの学制で〕が始まったところで、まだ必死に母親を必要としている。そして一二歳のチンパンジーでは親知らずの歯が生えていて、立派に一人前の大人であるが、一方人間では、この年齢ではまだ高校にさえ入っていない。

こうした全部のことから、チンパンジーの母親は人間の母親よりはるかに容易に上手くやってゆけるという結果となる。チンパンジーにとっては生き方支援の行動がはるかに容易であり、彼女は一般にどの時期でも二頭の子供の世話を心配するだけでよい。人間の母親は助け――それも多くの――を必要とする。そしてすぐに分かる通り、それは新しい社会関係から来る。ある時には、母親は彼女自身、新生児、四歳児、八歳児、一二歳児の世話をしなくてはならない。一六歳児さえ周りにぶら下がっているかもしれない。明らかに彼女はそれを独力でするのではない。そして年長の子供は歳下の子を手伝う。良い人間ならそうするように。

ところが思春期には独立するチンパンジーと違って、人間の集団には「きょうだい」のように、あるいは少なくとも「異母きょうだい」のように、一緒に生活し関わり合うティーンエイジャーを持っている。「そしてもし、あなたに一緒に住んでいる異性のティーンエイジャーがいるならば、あなたは彼らの性的行動を制御した方がよい」。

そしてこのことが、議論の余地はあるかもしれないが、近親姦タブーの基礎にあるだろう。同じ家族グループ内にいる異性の「きょうだい」の性的行動の制御が、人間ではチンパンジーよりはるかに普通に存在するだろう。

そしてなぜそのことが重要なのか？　二つの理由がある。第一に、それは最も基本的な人間の社会的な思考過程の倫理性の起源を表している。あなたにはできることとできないことがあり、そしてこれは、あなたにできない何かである。そして第二に、これはまた人間進化の生＝文化的な過程の開始でもある。これは我々が人間の進化を単なる生物学的な過程へと還元する際に、見失われている。

人類進化の見えない側面

一〇万年前には、人間は身体的には現代のわれわれ子孫と見分けがつかないものとなっていた。額と顎があって、その頭は我々と同じ頭であり、その身体と脳も我々の身体と脳と同じで、ただわずかに、しかし明らかに、当時のヨーロッパ人であるネアンデルタール人とは違っていた――彼らは額と顎が欠けていた。しかしその他では我々によく似て見えた。額と顎のない自分の頭と、ミドルラインバッカー〔アメフトで前衛後陣中央の選手〕のような身体を想像して見るとよい。

考古学では一〇万年前の人類とネアンデルタール人の身体素材を研究することができる。そしておそらく彼らが持っていた長く延びた頭部と脳から推定される認知能力の差に関係している類似と差違を見つけるだろう。しかしもっと興味深いのは当時の人間と現在の人間の関係である。というのも当時の人間は頭蓋は我々と同じだったが、行動はたいへん違っていたからだ。当時使われて、保存されている道具はまだ全て石製であり、骨や枝角ではなく、ましてや金属ではなかった。描写——彫刻や絵画——などでは、根本的に人間のように見えるものが、その後一万年間くらい存在している。

それゆえ当時には、身体や頭蓋や脳が我々とよく似て、しかし行動は大いに異なる人間がいた。ある学者たちは見えない突然変異を仮定し[20]、我々には探り出せないけれども、その想像される効果の遺伝的な違いが我々を行動の部分で「近代的」にして、それより以前の人間と異なるものとしただろうと言う。しかしそれは、近代的な人間の行動として我々が知っていることに抵触するだろう——つまり全ての人たちが人間の活動と心性の全範囲にかなりよく対応している。彼らとの唯一の大きな相違は文化的な歴史によるものであり、生物学的ではないということだ。その知識とよりよく合致するのは一〇万年前の人間はまだ美術、彫刻、そして技術的発展を見ていなかったという解釈である——ちょうど彼らがまだトウモロコシ、金属、掃除機、そしてケーブルテレビを発見していなかったように。結果的にこの点については、変則的だったり謎だったりすることは何もない。それらはただ、人間行動の大いなる学習のカーブの低い端にあったのだ[21]。

一〇万年前のこれらの人間は、行動では我々よりもはるかにネアンデルタール人に近かった。この時代に先立つ頃、祖先はますます生きてゆくために自然の材料を道具へと変容させることに依存するようになっていたが、その石器からは彼らのことが余りにもわずかしかわかっていない。これらの初期の人々は、主にこれまで数百万年間ヒト族の進化を特徴づけてきた生物学的な進化と、現在主にそれを特徴づけている文化的な進化の移行を示す。これは生=文化的進化の時代で、その時期に人間の社会活動の変化は、人間生活における自然の変数を伴った複雑なフィードバックの環に入っていた。そうした自然の変数は、生活史の痕跡であり——人間の発達生物学的な減速がその基礎にはあって——、それは種の文化的そして社会的な生活と共に進化した。

しかし残念ながら、そうした早期の人類の社会的及び文化的な生活の姿は、我々の人類進化の科学的な語り（物語）の基礎をなしているけれども、化石記録の中では近づきにくく、それゆえ身体の特徴よりも科学的に議論することが難しい。その結果として、人類の生＝文化的な進化を無視して、それを単なる生物学的な進化に還元する強い傾向が生じてくる。

まさに論点に合う一事例として、この議論を引き起こした近親姦のタブーを考えてみよう。現代の科学ではそれを倫理の形態としてよりも、近親交配の回避の形態とする。なぜか？　なぜなら近親交配は測定できて、他種と比較できるものである一方、倫理性はそうでないからである。さらにそうした扱いは、なぜ「いとこ」がこれほど結婚の相手として選ばれやすいのかということの説明に失敗する。フランスの人類学者クロード・レヴィ＝ストロースがかつて言ったように、これは正確には「自然から文化への移行が遂行されている」場所なのだ[22]。同様にまた我々は、結婚よりもペア結合の進化ということを議論するのだが、しかしペアの結合は結婚が行うようには、相互的な義務と家族関係という組み合わせをもたらさない。

これが、私が人間の進化は前にも増して生＝文化的な進化であると言うときに意味しているものだ。それは、近い親戚との番い作りを妨げるタブーが、近親交配の相互作用は遺伝学者が計測できる有益な効果を持たなかったと否定するためでもなければ、人間ではペアの結びつきがチンパンジーの場合よりもはるかに強いことを否定するためでもない。ただ文化的な要素とそこからの結果に注目し損なうことは、人間の進化の場合に何が人間特異的であるのかを見失わせることである。[23] 技術が提供する能力が適切または不適切な使用の慣行と共に進化しなければならなかったのも、遠い昔の祖先が相手を殺す新しくて効果的な方法を発展させてきたことで、殺害行為を統括し制御する規則を必然的に発展させたからである。[24] そしてもちろん今日でもまだ、近代的な倫理規範が技術革新に追いつこうと努力するときに、そのことを見ることになる。

人間の社会関係の生＝文化的な進化

タブーは倫理的な生活の最も基本的な要素であり、そして倫理は人間の社会的生活の最も基本をなす要素である。宇宙のカオスの上に想像的な分割を重ね合わせることは、人間の精神が優れて行う事柄の一つである。これまで、食べられるものと食べられないものの間や、性的な人々に関して性関係を持つことのできる人とできない人の間で、よく知られている分割を行うことに注意をうながしてきた。正常な人々はこれらの境界を尊重するし、相手はそうした人々を、最低限受容可能なコミュニティの成員と位置づける。これらの境界の尊重に失敗することは、その当人を、かなり何でもやりそうな者だと位置づけることになる。つまりそうした存在者は倫理的にいかがわしい、予測不可能な、そして望ましくない血族、隣人、または市民ということになる。

ところがここで、人間の進化研究での袋小路に行き当たる。ここで我々は人間の性質の、というよりは人間関係の集合的な思考の領域に入ってしまう。これらは人間の環境の進化的な創出には決定的な要素であっても、身体的に証拠づけられないだろう。そして身体的に証拠づけられないので、それは人類進化のデータベースの一部ではない。

人間に特有のものとして、異性の「きょうだい」間の結びつきの創出についてはすでに記した。というのはそれが新しい種類の社会関係を作り出すからであり、異性である個人間の、性的ではない生涯にわたる親密な相互作用となるからである。これは三つのやり方でシンボル的（象徴的）に拡大される。第一のものは家族の他の成員に対する関係で、性的関係を禁じているので、ここで再び家族の概念が出てくる。第二に、異性の他のコミュニティ成員または他部族の成員に対してのもので、これは血族関係について、単に家族に対するよりもはるかに広い概念化を伴い、そして異部族結婚の規則の基礎をなしている。[25]そして第三に、他の世代に対してのもので、同じタブーを持つ異性の「きょうだい」の子孫は交差従兄弟であり、象徴的に特別であり得るが、まさに反対に、規範的な配偶者にもなり得る。我々はこれら三つを順番に取り上げることができる。

家族は人類進化において料理や美術と同じほど重要な発明であるのに、一般に我々の科学的な語り（物語）の中で十分に表現されていない。なぜならそれは物質的な記録を残す器質的な特質ではなく、関係からなっているからだ。それがどこから来ているのかを見るには、早期の人類の生活史、困難な出産、そして未成熟な子孫の全てへと戻らねばならない。人間の母親であることは、一般に霊長類の母親であることと連続してもいるし不連続でもある。出産は一般に独力では行えないので、人間では出産が必然的に社会的であるだけでなく、まさにそうした社会的な側面から、人間の母親は類人猿の母親の場合よりも、新生児の周囲にいる他者に耐えざるを得ないことになる。新生児の叔母、年長の兄弟、また

＊出産後につき添う介護、補助の担当者。医師や看護師が続けることもあり、職種ではなく身分的な役割として、二〇世紀後期から強調されるようになった。

父や祖父母、あるいは産科医、助産婦、ドゥーラ*、乳母、ベビーシッターのように親類ではない人たちなど、類人猿の母親がかつて耐えていたよりもはるかに多くの人々が周囲にいる。人類学者サラ・ハーディは、人間の母親による早い時期からの「他者」に対する耐性が、類人猿と比較したときの人間の一般的な向社会性（つまり社交性）に変容したと論じた。(26)

二つの「他者」がとりわけ人間の進化において重要であり、それらは母親と新生児に対して単に物質的に面倒を見るというだけではなく、彼らの社会的そしてシンボル的（象徴的）な側面にも関与している。第一の他者は夫（女性の）、つまり父親（子供の）であり、これら二つはどちらも類人猿にはない関係が一人の個人の上に具体化されたものである。類人猿の雌にもペア結合した雄はいるかもしれないが、夫は結婚という文化的行為の産物である。たしかに類人猿の子供にも実際の父親があり、周辺には耐えねばならない成体の雄もいるかもしれないが、父親というのは文化的に認識された義務の結果である。(27)

こうして夫／父親というのは生＝文化的な一つの地位であり、生物学的な定住者とかペア結合された雄、あるいは生物学的な精子の提供者とか庇護の与え手とかに還元できるものでもない。いま問題にしているのは結婚の起源である。結婚は二つの家族の間の一組の相互の義務だ。ペア結合とは違って、結婚はただ二人だけに関するものということはほとんどなくて、類人猿の間には存在しない新しい社会的な姻戚関係を作りだす。結婚は血縁関係の基礎であり、性的関係を合法化し、社会秩序の中で子供に地位を与える。(28) 食人行為や近親姦によって引き起こされるものに加えて、誰かを私生児と呼ぶこともひろく文化を通じて効果的な侮辱であるのは、血縁を基礎とした社会の中で真の居場所がないことを意味しているからである。結婚は他の機能も果たす——新しい居住単位、経済的な単位、そして政治的な単位を確立し、情緒的な結びつきを正式のものとするとともに、生殖を合法化する。こうした数多くの機能があるので、人間文化の中でそれが多種多様な形をとっていることは驚くにあたらない[29]。このことはまた、結婚の機能がそもそも何であったか知ることをたいへん困難にしている。(結婚における)もうひとりの「他者」として、夫方の義理の母親がいるが、それについてはまた後で触れる。

人類の進化と番いの選択

人間の社会の二番目の特徴は異部族婚制である。これはある者とそれと関係のない誰かが結婚するように定めた規則である。これは家族成員間でのセックスに対抗して制定された規則である近親姦タブーとは別のものである。異部族間結婚は、家族を超えて血族関係を認識することに関与している。そして人々を、意味のあるどのような遺伝的関係とも無関係に、結婚相手としてふさわしいか否かに区分けする。一度母方で取り除かれた七番目のいとこは相応しい配偶者かもしれない。一方で父方の相当する親戚はそうではないかも知れない。これは明らかにたいへん高度に文化的なものだ。というのも、それは結婚と、人々の集団の上になされる生物学とは関係ない強制に関わっているからだ。

都会の近代的な世界では、文化的な結婚のパターンには反対の傾向がある。我々は一致していると認識している人々と結婚しがちであり、それはしばしば文化的に定義された意味で自分に似ていると分かった人たちを意味する。似た社会階層、似た政治見解、似た宗教的な見解、似た教育程度、共通の民族的な背景などである。なぜ人々はそうするのだろうか?　二つの主な理由がある。平穏な家庭生活への実際的な欲望、そして親の賛成である。

これは、すでに気づいているかもしれないが、ダーウィンに心酔した一部の心理学者が「番いの選択」の進化としてモデル化したものは、この選択にはろくに寄与していない。そのモデルでは、潜在的な配偶者は独立した自律的な行為者であって、その配偶者選びの唯一の基準は身体的な美の観点だと想定している。そうしたアンケート調査のデータにもとづけば男性はウエスト：ヒップの比が〇・六七（つまり三六：二四：三六のうち後者二つの測定値）で、左右対称の平均的な顔の女性に惹きつけられるように「進化」してきたとされる。また別の研究結果では、女性は贈り物などをする優しい中年男性に惹きつけられるよう「進化」したことを示したという。しかし効果は強くジェンダー不平等に関係していて、女性がシステマティックに財産へのアクセスを否定されている文化のもとでもっとも顕著であり、結果として彼ら〔金持ち〕と結婚することになるという。[30] 他の主張では、誰が将来の子孫の良い親であり得るのか、感受的なパートナーなのか、良いキス相手なのかを探るという立場からの選択も含まれるという。[31] 我々の祖先はどうやら、多くの違う方向に惹かれていたのだ。

しかし実際には、進化はおそらくはそれに寄与することはほとんど無かった。進化に関わる議論は、通常雄が雌をめぐって番い作りで競合するという仮定を想定している。そうした競合は、しばしば霊長類では性的二形のパターンとして表現される。たとえばヒヒは、番いをめぐって非常に競合的である。そして雄は雌よりかなり大きいというのは、ダーウィンが性選択と呼んだことの結果である。こうした基礎の上に立って、ある生物学者たちは、そうしたヒヒと同様に、我々も自然のもとでは一夫多妻制であると議論してきた。一方でヒヒはまた、高度に二形化した犬歯を持っている。一方で、一夫一婦的なテナガザルはそうではない。ある生物学者たちはこの基礎に立って、人間は自然のもとでは一夫一婦制なのだと議論してきた。それだけでなく人間は、近い種には対応物がないような仕方で性的に二形性である。身体の構成や、顔と身体の毛において。これは結果として、作用している進化過程が、霊長類をモデルとして用いることができないものであることを示唆する。というのも、そのパターンが我々自身の系統に独特のものだからである[32]。

こうした独自の進化過程は、もちろん、それによって我々が人間になった生＝文化的進化な過程である。それは、データをフルに受け取れば、霊長類の他の種に比較したときにそこからどんな自然な人間の社会＝性的システムも抽出されるようなきわめて曖昧な状態を表現している。そこでは、結婚が規範であり家族が番いの選択に関わっている一つの種〔人間〕にとっては、霊長類で見られる伝統的な競合のモデルは強く緩和されているだろう。重要で明らかな結婚の効果の一つは、それが男性の再生産の出力を女性と比較して、また男性相互間でも、同等化する傾向を持つことである。たしかに、たまに六〇〇人の子供を持つスルタンはいるが、そうした状況を可能にする極端な力と富の不平等状態は、人類の歴史においてはたいへん稀であり短命である。誰が相応しい相手として除外されるのか、含まれるのかについてのいろいろな社会的な規則は、常にそれを自由市場よりはるかに狭いものにしてきた。そして良い番いは、顔と姿の美しさだけではなく、良い家族からも来るのだ。しかし良い家族の基準とは何だろうか？　それは常に変わらず文化的である。裕福である、高貴である、親しみやすい、一貫している、賢い、熟練している、など各種各様の非生物学的な基準があるので、生物学的な進化が人間の番いの選択に大きく作用しているとは考えにくい。

結果として進化心理学者でさえも、時代遅れなことに彼らの結論は途方もなく狭い人類種のサンプルをもとにしているという認識に達した。そのサンプルは主として白人で、教育を受けていて、工業化されていて、裕福で、民主的で、あるいは「奇妙 WEIRD」である――そしてこの人類進化に対する研究集団の関係は、きわめて胡散臭い[33]。

そしてひとたび、家族的な関係あるいはもっと漠然とした文化的規則の基盤の上で、異性の特定のメンバーとの性的繋がりを禁止してしまったとき、雄＝雌の高度に非＝類人猿的な社会的関係の世界が作り出された[34]。人間の性行為は類人猿のそれよりも触れ合いが多く、より親密で、よりエロティックであり、そしてともかく長時間行われる。しかし我々はまた、その中で男と女が互いに番い以外の理由で関わることのできる社会的宇宙を作り出した。大学生は時々これを「プラトニックな友情」と呼んだりする。しかしもちろんこれはそんなものよりはるかに広い。そして異性の医者、大臣、指導者、盟友、ボスを手に入れるという最終的な可能性に帰結する。それゆえ男と女の関係は、雄と雌の類人猿の関係とは性的にも非＝性的にも異なっている。しかしまさに異性の大人の間の非＝性的な関係という概念の創出こそは、人間に独特である。

多世代性

家族の発明から生じた人間社会の三番目の特徴は、多世代性の認識とそれに伴う複雑さである。異性の「きょうだい」は、性的または結婚パートナーとしてはタブーとされる立場なのに、それにも拘らずしばしば生涯にわたる親密な接触を維持する。* 彼らの直接の子孫である「いとこ」は、家族のシンボリックな境界線の真上に置かれる。こうしたことは彼らの生物学的な関係性、つまり共通の祖父母から同じ遺伝子を受け継ぐ一二・五パーセントの機会とは無関係のところで生ずる。チャールズ・ダーウィンがエマ・ウェッジウッドと結婚したとき、チャールズの母であるスザンナと、エマの父ジョサイアは「きょうだい」だった——そうした種類の遺伝的計算はまだ発明されていなかったけれども。ダーウィンは家族が近親交配していることを知っており、その事実にたいへん悩まされて、他の生物種での影響について自分も書いていたそうした近親交配が、家族に取り憑いているように見えた病気への罹り易さの原因ではないかとも気にしていた[35]。

けれども反対方向の世代間関係がむしろ興味深い。ヒト族の母親は助けが必要である。子供たちは育てるのがたいへんで、とても未成熟であるので、特別な人を周辺に持っていることは、人間の生活史の表面から引き起こされた問題を解くのに、たしかに良い方法である。しかし数万年前に、何かが人間の生活史に起こる。それは大いにありそうなことだが、あの「額＝顎人類」が喋り、組織化され、モノを作り始めるにつれて享受することになった成功の結果らしい。

彼らは年齢を重ねるようになったのだ[36]。そして、事実上死ぬまで生殖を続ける雌のチンパンジーと違って、人間の女性は生殖を停止するがそれでも生き続ける年齢に達した。いわば月経閉止期の進化が、人間の母親に追加的あるいは代替的な精神的補助の源をもたらしただろう。こうして、祖母であることが新しい社会関係となり、そこでは再生産期以後の女性が、孫の中の彼女の遺伝子の拡がりに投資することができた。チンパンジーの雌では投資を一つの世代に預けておきながら、そっくり取り去られていたのだ[37]。

しかしこのことは、夫と義理の母の間にある新しい競合的な力関係を生み出す。夫というのは父親のもう一つの役割となり、義理の母というのが、祖母のもう一つ他の役割となる。妻＝娘の結合も伴って、彼女に対して（彼女の古い家族から）、そして彼女の夫に対して（彼女の新しい家族から）の明らかな緊張

＊「親密な接触を維持」したのは有名な家系のダーウィン家とウェッジウッド家。親密な親戚のつき合いを経て、ダーウィン家のチャールズとウィッジウッド家のエマは「いとこ」どうしで結婚した。チャールズが生物学と進化論（やがて遺伝学につながる）で業績を挙げたことも含めて、実際の歴史を象徴的また寓意的に記述している。チャールズが自分の家系について心配していたことも（「そうした種類の遺伝的計算はまだ発明されていなかった」ことも）、有名な科学史の事実。

が、同じ人物に対する関係において作り出された。夫と義理の母の関係は、地球を通じて最も有名なタブーとしての社会的相互作用の一つである。たいへん多くのヴォードヴィル（軽喜劇）の筋書きやシチュエーション・コメディに出てくるこの素朴は、伝統的なアフリカ、オーストラリア、そしてアメリカの社会生活の一部になっている。一世紀以上前に初期の人類学者、ジェームズ・フレイザーは「義理の母親を凝視するときに教育されていない野蛮人が抱く畏れと恐怖は、人類学で最もよく見受けられる事実である」ことを観察した。[38] そのタブーは性に絡んだ事態の一つではなく、単に対面的な相互作用、同じ人物の愛情を求める競合の発生である。対面的な相互作用というのは人類に特徴的なものである。というのも、我々の白っぽい目は、その視線と焦点がはっきりしてしまうので、人間の対面的な相互作用は、類人猿の対面的な相互作用よりも、それだけ一層個人関係的なものになるからだ。

義理の母は、祖母としての他の役割において、もうひとつの決定的な社会的関係を、彼女の娘に対して、そして彼女の娘の子に対しても、単なる食糧その他の物質的補助を超えて持つことになる。たしかにチンパンジーその他の霊長類にも、祖母がいる――しかしその関係について特別に見分けられるような事柄はない。しかし人間にとっては、祖母＝孫関係は特別な関係であり、しばしば親子の関係に対比される。こうした祖父母的関係の特別さと、その親的関係への対照は、血族関係の結合の進化において認識すべき重要な要素を際立たせる。

もしテレビ番組『ザ・シンプソンズ』＊の登場人物を例に取るならば、そこには三つの関係がある。リサの彼女の母親マージに対する関係、マージの彼女の母親ジャクリーンに対する関係、そしてリサの彼女の祖母ジャクリーンに対する関係である。リサは自分のマージに対する関係が、マージのジャクリーンに対する関係には等しいけれども、リサのジャクリーンに対する関係とは違うことを学ばねばならない。これは実際にはかなり空想を必要とする脳の仕事だ。しかし本質的に、それは人間の認識の黄金律である——それは心の理論、つまり自分自身を他人の場所に置いてみる能力だ。リサは、自分の母親の自分の祖母に対する関係が、彼女自身の祖母に対する関係とどう違うかを理解するために、自分自身をマージの位置に置くことができなければならない。つまり彼女は、「私の母は誰か他の人の娘である」ということを学ばねばならないということだ。

祖父母の世代についての認識で暗示された発生期の「心の理論」は、これに加えて他にも重要な含意がある。結局もしママが誰かの娘なら、祖母も誰かの娘でなければならない。祖先それ自体が、こうして祖母性から生じてくる。

しかしなぜ曾祖母で止まるのだろうか？　結局、彼女は母を持っており、その母は母を持っており、その母は母を持っており……、ほの暗い過去まで遡って——我々はいまや神話的な祖先を持つことができる。それはチンパンジーが持っていないものだ。我々は鷲や熊から、あるいは神や英雄の祖先に由来するものでもあり得る。おまけ、曾祖母は残念ながらもはや我々と共にいない。そのことは結果として、チンパンジーが抱かない他の疑問を呼び起こす——つまり彼女はどこにいるのか？　それはまた結果として、死の疑問を引き起こす。チンパンジーは、他のチンパンジーを長期間見かけない事態が不可逆的であることを認識する。一度ブーブー〔著者があるチンパンジーを指した仮称〕が活動を止めたら、彼は再び動き出さないだろう。チンパンジーたちはたしかに、「ここに居る」と「ここには居ない」を理解し、そして「ぐったりして、血まみれの、動かない塊に陥る」事態を理解する。なぜなら彼らもいつか

＊『ザ・シンプソンズ』はアメリカのコメディふうテレビ・アニメ番組。米国中流のシンプソン家の家庭内のやりとりを描く。

はそうなるからだ。しかし時にはそのメッセージがすぐに受け入れられないので、死んだ個体を腐り始めるまで持ち歩いたりする。(39)

一方で人間は、死に関して何か——文化的な何か——を持っている。それは時折、決して死にたくないという欲望、死んだ人からの訪問と交歓、死んだ人の特別な資質、残された遺族とどう相互作用するかなどのことに関わってくる。我々の祖先はおそらく一〇万年前には死者を埋葬していた。そしてその数万年後には、物質的な物体——たとえば彼らが好んだもの、一緒に持つべきだったもの、とにかく綺麗なものなど——と併せて埋葬することを始めていた。

我々が宗教と呼ぶ多面性のあるシステム——認知的な要素（例えば死に関する疑問に答えるなど）、社会的な要素（制定された儀式と共有される象徴的な意味）、感情的な要素（畏れと超越性）、規範的な要素（倫理コード）がそこに組み込まれている——は、おそらく人間社会の起源と共進化し、それと合体してきた。(40) そして宗教は人間の生活に組織的に組み込まれる傾向があるので、(41) それがどこから来たのかを理解するのに、それを倫理的あるいは心理的側面まで還元する必要はほとんどないだろう。(42) 要点は、こうした全部の問題が、祖母たち、父たち、「きょうだい」たちと関わりあってものを考える霊長類の心の中に、おそらく多かれ少なかれ自動的に立ち現れてきただろうということだ。

第7章

人類の性質／文化

社会関係の新しい形態が、人間の生存と生殖においてますます重要になるにつれて、脳の大きさは相対的に重要でなくなった。チンパンジーと同じ大きさの脳と粗雑な道具を持った二足歩行の霊長類が、三倍の大きさの脳ととても精巧な道具を持つはるか昔の我々の子孫になるにつれて、脳の大きさは二〇〇万年ほどのあいだ増加を続けてきた。しかし二万年前までにおそらく何か違うことが起こり、文化の進化が、それを作り出している身体から大きく独立した跡を辿るようになった。五〇万年前のアシュール石器が一〇万年前のムスティエ石器へと進化するにつれて、それらを使っている人々の頭と脳もまた進化した。しかし一世紀前の複葉機が今日のジェット機へと進化したとき、そうした進化は、それを作りまた使う人々の脳や頭にそれと同時の変化が伴うことなく進んだ。つまり脳の大きさは人間存在にとって意味を持つのをやめたわけである。なぜなら我々の生存はますます、脳の中よりも、これらの脳と脳の間にあるもの——古生物学的には見ることのできない人間存在の社会的な側面——にもとづくようになったからだ。[1] こうした側面には、類人猿にない新しい仕方での親類と非＝親類の認識や、彼ら同士の相互作用が組み入れられている。そして人類進化にとっての状況は、我々の社会的・文化的な歴史の例外的な要素を認めなければ、生物学者や霊長類学者にとってアクセス不可能なものとなる。[2]

存在の文化的な側面が、我々の生活内容——話す言語から食事、個人の外観、思考過程や、最も基本

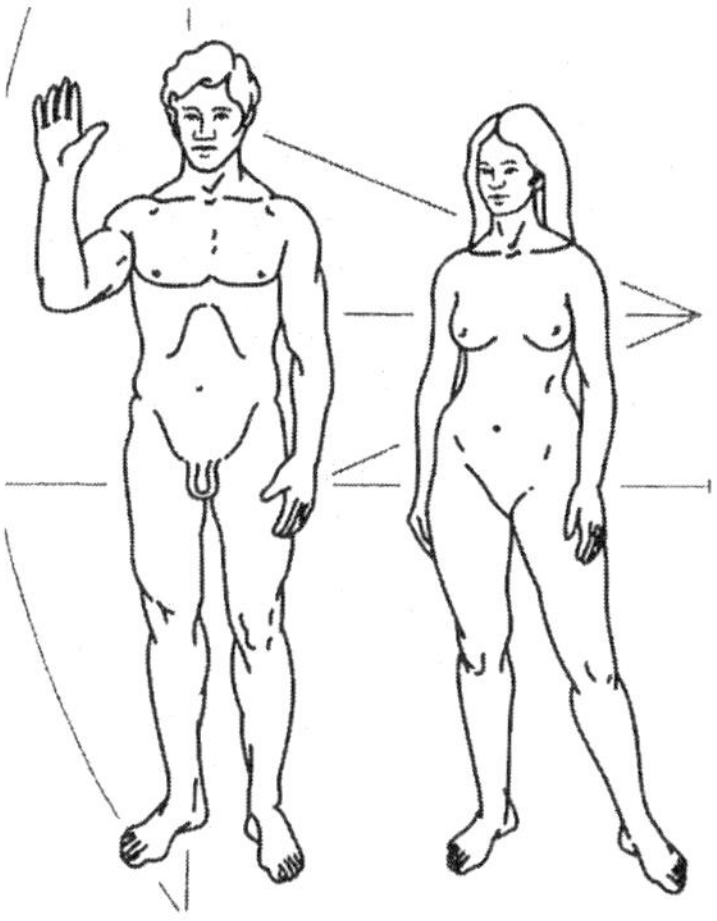

図2　NASA のパイオニア飾り板からの図像（ウィキメディア・コモンズ）

的には我々が繁栄し生殖する能力まで——をますます決定するようになるにつれて、自然的なもの（「氏」的なもの natural）と文化的なもの（「育ち」的なもの cultural）を区別することがますます困難となる。実際、人類進化の研究（そんなものは生じなかったという主張は脇に置くとして）で、断言に最も困惑するのは、文化から区別できる「人間の本性」があって、それ自体を認識できるという主張だ。まるで文化というのが、ケーキに被せた砂糖衣であり、ただそれを剥がし除きさえすれば純粋な生物学的な自己が観察できると言うかのようだ。しかしこれは三重の理由で間違っている。

第一に、我々は人間という種を文化的に見ている。科学は理解の過程であり、我々は物事を文化的に理解する。我々は先達者の文化的な偏りを観察し、超越することを望んでいる。しかし非＝文化的な知識など無いのだ。図像的な例として一九七二年に発射され、いまでは太陽系の外にあるパイオニア一〇号に取りつけた飾り板を考えてみよう（図2）。

なぜＮＡＳＡは宇宙へとポルノグラフィなどを送った

のか？　それは宇宙探査機を送り出したのが誰なのかを、異星人に対してひたすら示したかったからである。しかしもちろん探査機を送り出したのは、描かれているようなハンサムな、理想的な男女ではなく、一群の男性のオタクだった。イラストレーションは探査機を送り出したグループの象徴的な表現である。しかし何のグループか？　アメリカ人？　航空宇宙工学技術者？　霊長類？　否、NASAが表現したかったグループはホモ・サピエンスという種である。子供ではなく、老人でもなく、ただハンサムな大人。そしてなぜ彼らを裸で送ったのか？　やはりそれは、異星人が彼らの探査機を地球へと辿って送り返したときに（地図もまた便宜のために提供されていた）、見かけるはずのものではない。

答え。彼らは男と女を、文化のない自然な状態で描写したかったのだ。しかし髭剃りと、毛髪の手入れと、陰毛の脱毛は間違いなく文化的である！　性別で異なる姿勢を取り、男だけがその目であなたを直視している。ヒヒではこれは威嚇の表出だろう。宇宙探査機狩りの異星人が、ヒヒのようでないことを望んでおこう。最後に、手を挙げた男の図像につけるキャプションはどうすれば良いだろうか？「こんちわー！　わが太陽系にようこそ！」。あるいは「止まれ！　ここは銀河のプライベートなヌーディスト区域だ！」。あるいはいっそのこと、「すいません、このあたりの象限に風呂場はありますか？」

こうして、それ自身を文化のイメージから自由にすると信じながら、NASAは実際にはそれを文化的情報で満たしていて、ただ単にそのことの認識に失敗しているのだ。「文化」は、人間の思考と行動において常にそこにある。それを「自然」と勘違いするのはとても容易なことだ。

第二に、我々はたいへん長い間、数百万年も文化と共進化を続けてきた。器用さと知性と技術の全部が共進化したことはほとんど疑いないように見える。それゆえ文化とは、根本的な意味で究極の人類の構成要因である。我々はそれに適応するように進化してきたのだ。

そして第三に、その中で我々が育ち発達する環境は根本的に文化的なものであり、そこには社会関係、言語の意味、手先の労働、予備校、太った牛、高フルクトースのコーンシロップ、ビール、スモッグ、そしてタバコなどが満ちている。文化はこうしてまた同時に、人類の環境にとって重要な要因である。それゆえ人類文化から抽象された人間の性質について語ることは前＝ダーウィン的ナンセンスである。それゆえ人類進化の立脚点からすると、人間の文化と独立した人間の性質を見つけようとする探究は愚か者の使い走りである。人間の事実はいつも不変的に自然／文化的事実なのだ。

我々の種、我々自身

自然／文化的事実を自然的事実に還元してしまう誤りが、長く持続する人種の誤りの背後には横たわっている——人類という種が、自然的に比較的少数の比較的区別のはっきりした人々の種類に分割できるという考えだ。人種は、一八世紀に人類学が興味を持った最初の疑問だった。このようにあらゆる自然的な動物、植物、鉱物の種類がそこにあるのだから、どうして人間の自然的な種類がそこにないと言えるだろうか？

探検の時代、植民地主義の時代、そして科学の時代の結合点にあって、スウェーデンの生物学者カール・リンネは決定的な科学的答えを与えた。四種類の人間がいて、異なった環境に住み、見分けの便宜上、色分けによって区分されている。白いヨーロッパ人、黄色いアジア人、赤いアメリカ人、そして黒いアフリカ人である。そして彼らは、ただ環境と色の基盤だけでなく、同様にまたどんな着衣であるか（それぞれ、ぴったりフィットした衣服、緩くフィットした衣服、自分の身体を鮮やかな赤い筋で塗る、全身をグリースで油塗りする）と、その言語システム（それぞれ規範、意見、習慣、気まぐれ）の基盤の上でも自然に分割できた。[3]

学者の次の世代は身体的特質により依存しようと試みた。そしてリンネの「亜種」という分類学の範疇（区分け枠）を、生物系統の血統を意味するもっと日常的な用語——人種（品種 race）という同義語——で置き換えた。そこで事実上、二つの用語法が同時的に存在することになった。(1)公式の分類学的な亜種、そして(2)共通の身許と血統の物語を共有する非公式な人間のグループである。最初の方は、それほど変更を経ずにリンネの分類を踏襲するだろう。しかしながら二番目の方では、ジプシー、ラップ人、エスキモー、ユダヤ人のようなグループの「人種」化が許されてくる（今日ではそれぞれ、ロマ、サミ、イヌイット、そしてユダヤ人として知られている）。一九二〇年代までに、人類学者たちは後者の種類で言う人種というのは極端に言えば幻想だと議論していた。それらのグループは「自然な」単位ではないからである。そして一九六〇年代までに人類学者たちは、前者の種類で言う人種もまた幻想的だという認識に至っていた。たとえば早期のフィールドワークは、大陸の諸群が均質からは程遠いこと、そして「アフリカの人種」とか「ヨーロッパの人種」のような研究は、探索者たちがいかに真面目に人間という種の大きな自然の細区分を求めたかということを示したが、そうした細区分自体がまた容易に細区分できた。[4]

一九三一年という早くに、生物学者ジュリアン・ハクスリーは「ナイジェリアあるいはケニアのような熱帯アフリカの多数の単一の領域が、人種のタイプとして全ヨーロッパよりもはるかに多くの多様性を含むというのは人類学の共通認識である」という旨を述べていた。[5] 二〇年近く後、ハクスリーがユネスコの総裁だった時、彼は人種に関する声明を出し、第二次世界大戦後の合意を公式化し広めようとした。しかし変化はそうすぐには来なかった。[6] そして幾人かの以前のナチの人類学者も含めて、早期の世代の学者は、新しい合意に強く反対した。それにも拘らず第1章に記したように一九五七年までには、人類という種が「多少なりとも関係し合い、生態学的に適応し機能している実体の、広がりをもつネットワークをなす」と我々は理解するようになった。(7)

二〇世紀後半に興ってきた人類の変異についての近代的な理解は、人種というのは地球を中心に据えた太陽系のように事実上の光学的幻想だという示唆と、人類の多様性に関する新しい経験的な理解を含んでいた。太陽が昇り天空を横切り、反対側の地平線に沈むのを見ることができるのと同様に、人種というのもたしかに見ることができるのかも知れない。しかし実際には、心が単にあなたの上でトリックを演じていただけのことである。一方の場合には地球の回転が、地球中心の幻想を抱くようにあなたを導き、もう一方の場合には、何世紀にもわたってきた政治的な知的歴史が、人種的幻想を抱くようにあなたを導く。

人類の多様性の主要な特徴は、リンネに続く二世紀間の前近代の人類に関する科学思想が考えてきたのとはまるで違うパターンをなしている。人類のグループ間の相互が似ていたり違っていたりするあり方は主に文化的なものだが、ただしそういう概念は、ようやく一八七〇年代になって公式化され始めたに過ぎない。もし人類の多様性という基本パターンを（あえて）無視することを選んで、その代わり、単に生物学的な相違ということだけに焦点を合わせようと試みるならば、人間の生物学的な多様性の主要なパターンは多形現象だということが見出される。つまり人間の遺伝子プールの中に存在するどの対立遺伝子もほぼ全世界に広く分布しており、ほとんどの場所でただ比率を変えながら発見されるということである。一九五一年に発せられた人種に関する二番目のユネスコ声明では、観察可能な特徴に関して、「同じ人種に属する個人間の相違は、二つあるいはより多くの人種間で観察される平均の相違よりも大きい」という説明をしていた。しかし一九七二年になってようやく遺伝学者リチャード・ルウォンティンはこの説明を、遺伝学的なデータの研究によって定量化することができた。彼は人類の八〇パーセントに上る検知可能な遺伝学的なデータが、どの個別の集団においても見出されると示した――それは全ての種類の遺伝学的なデータにおいて妥当なことが証明された[8]。もし文化的そして多形的な変異を無視すれば、残る主要な特徴はクライン（連続的変異）をなしている。つまり地図に伴って段階的に変化している。そしてもし文化的、多形的、そしてクライン的なものを無視すれば、残ったものは地域的な差異である。人種というのは単に生物学的な幻想にすぎない[9]。

しかし人種が何であるかを知ることは、人種が何であるかを我々に告げない。人種は人々を集合させ分類する過程であり、誰も「その外に」は存在しない境界づけられた差違の範疇（区分けの枠）を作り出す。だからそれは、差違と意味の結合である。つまりそれによって、人々あるいは集団がどのくらい異なるのかを測ることはできるが、そのことは人々あるいは集団が同じ主題上の二つの変異からなるのか、あるいは、いわば二つの違う主題からなるのかは教えない。その決定には、観察される人の変異のパターンの意味の構築と付与、境界の両側にいる人々にとっての異なる特質の属性、それと同じくこれらの境界の巡察（異種族混交の法律の形で）が関係している。

人種は自然の事実ではなく、むしろ自然／文化の事実だという認識は、時として誤って解釈される。生物学的、あるいは遺伝学的なものさえも実際の事実と見て、文化的な事実は実際にはないものと見る。還元主義的な心構えにおいて、時としていまや人種は「実際にはない」ことを知っているのだと言われることがある。しかし自然的な事実はしばしば、文化的な事実より現実的ではない――お金や教育のように。自然的な事実はもはや、人間存在にとってあまり重要ではない。これは最近の数百万年に及んだ人類進化――それが我々の環境と現実を作り出してきた――の飛跡だった。実際に、自然／文化の一つの単位として、人種は人生の属性の決定的な一要因であり得る。人種は身体の上にかなり微妙な仕方で刻印づけをすることがある。たとえば一貫して生物医学的なリスク要因と一致する人種的な相違だと思われていたものが、しばしば生活状況の結果だと判明する場合がある。[10] 風刺的に述べられているように、あなたの郵便番号コードの方があなたのDNAコードよりも明解な健康リスクの予告要因なのだ。*

人間の微視的進化と巨視的進化の関係

人間集団について、もちろんその違いを研究することはできる――彼らがどうやって地域的な状況に対して特殊化し、生存し適応しているのかを。彼らはそれを文化的に、生理学的に、遺伝学的に行い、通常は全部を同時に行う。しかし遺伝学者は時として、彼らのそういったデータは括弧に入れて、遺伝学を独立に分析しようと試みる。それはしばしば、そうすることで人々につきまとう文化的な制約や価値から、自分の研究が自由になっているという素朴な信念の下においてなされる。

それは最初期の血液型グループの研究者が考えたことだった。ABO式血液型の発見に伴って、第一次世界大戦の頃の遺伝学者は人類という種を自然的なグループに分割し、真の「人類のなかの人種」をそこに認めようと試みた。彼らは三種類の人間がいたと結論づけた。ヨーロッパ人と、中間型と、アジア＝アフリカ人である――あるいは本質的には「白人」と「その他」である。[11] 彼らはより多くの集団を

＊いくつもの原註で論じているように、たとえば劣悪な住環境（スラム）に住んで健康を損なうことが、生活状況（その間接の原因が「人種」）に起因するという指摘。

サンプルし、より多くの地点を分析し、しかしいつも変わらず人種的ナンセンスに帰着した。実際一九六〇年代に入ってもある先導的な人種的遺伝学の提唱者は、一三の人間の人種が同定されていると主張した。そのうち五つはヨーロッパにあり、わずかに一つがアフリカにあった――とても、非文化的な何かが明らかになったと言えるしろものではない。彼らのデータが実際には全く人種などを表していないことを、遺伝学者たちが認識するまでに、十年とはかからなかった。それ以外の人間の生物学的多様性に関するデータと同様に、それらも総じて多形的な、クライン的な、そして地域的な変異を示すものだった[12]。

もちろん人々やその遺伝子プールには、地理的な分化が存在する。山脈や言語の相違などの特徴によって引き起こされるある程度の不連続性、そしてそのことを認識する統計学的な方法もある。しかしそれらのいずれからも、「人種」として解読できるようなかなり大きく、そして明確な人間の種類は生じてこない。間違って提示された一つの有名な研究では、人間の遺伝子プールは二つから一七の間のグループに分割されたが、実際の数は発見されたというよりも入力されたものだった。人類の遺伝子プールを五群に分割すると、それらは本質的に大陸別のグループ分けに帰着する姿となり、六群に分けると、それらは大陸とパキスタンのカラッシュの人々に合うようになった[13]。

二〇世紀の第3四半期には、微視的進化の分類学は人類という種に特有のめぼしい生物学的要素を説明できず、我々の種が大きく異なった経験的構造を持つことはなかったということが認識された。それと並行して、巨視的進化の文脈における人間分類の新しい見通しがあった。一九七〇年代までに古生物学は多くの古い、奇妙な属を取り払って（たとえば、プレシアントロプス、ピテカントロプス、テラントロプス、そしてジンジャントロプス）、ホモとアウストラロピテクスという二つだけに分けた（パラントロプスは後に「頑丈型アウストラロピテクス」として復活させられることになった)。

歴史学者ロバート・プロクターは、微視的進化と巨視的進化の分類学が絡み合っていると論じた。というのは、「この実行は結局一つの倫理的な選択である。……文化的な生物として、我々は誰を我々の側に含め、誰を排除するかの能力を持っているのだ」[14]。種のレベルの上下の分類単位を増やすことは、〈我々であること〉……の入り口への狭い道筋をなしている。

ミルフォード・ウォルポフとレイチェル・カスパリは、歴史以前の時期を理解する際の本質主義の科学哲学と、近代の人類の多様性の繋がりに注意を喚起した。「本質主義」は科学哲学で様々な役目を果たしている用語だが、現在の使い方では、成員たちが一つまたは少数の鍵となる特徴を共有することで同じ生物学的グループに振り分けられることを意味する。それゆえ決定的な特徴を欠く標本とか人物は、どれも独自のカテゴリー(区分枠組み)を作ってそこに入れられる。これを実行すると整理棚がやたらに増えて、容易に枝分かれ状態となり、それが系統発生の歴史に結びつくという幻想を与える[15]。要約すれば、種のレベルの上方の生物学的実体化の過程は、下方の生物学的実体化に結びついている。

ネアンデルタール人と微視的、及び巨視的進化の境界

ネアンデルタール人は、我々が誰であり我々がどこから来たかの知識において特別な位置——生物学的また神話的に——を占めている[16]。一九世紀におけるネアンデルタール人の発見は犠牲者、異体、あるいは近代的な時代のヨーロッパ人の祖先でさえあったかもしれない者として、ヨーロッパにおける深い「他者性」の歴史を指し示した[17]。彼らと我々の相違はかなり小さい。彼らの脳は我々と同じ大きさだったが、脳を取り巻く頭部は低く長かった。今日の人々のうちにも眉の隆起や、坂になった額や、弱い顎

や、長い頭や大きくて狭い顔や、突き出した顔つきや、親知らずの歯が生えるのに十分すぎる余地を持つ大きな顎を発見することがある。しかしこれらの特徴を一緒くたには見かけないし、たとえいたとしてもそれはたいへん極端であるといえる。

それでは我々のネアンデルタール人への関係はどういったものだろうか？ 彼らは、「我々」が――つまり痩せ気味の、丸い頭の、解剖学的に近代的なホモ・サピエンスという意味だが――土地から追い出し、絶滅させた奇妙な人々なのだろうか？ これは一九世紀のヨーロッパ人には意味をなす説明だった。彼らは熱心に自分たちの植民地的野望を持ち、ほの暗い過去の中を振り返ったときそこに広がっていた野蛮な者の根絶を想像した[18]。あるいは「彼ら」は、純粋に自然な状態のもとでの人間を表すのだろうか。彼らの生活は「孤独で貧しく、ひどく不潔で、獰猛で、不十分だった」のだろうか、トマス・ホッブスとその啓蒙を引き継いだ人たちが市民社会の先導者たち――とその影――を描写したように？ ことによると「彼ら」は原始の犠牲者でもなければ原始の先祖でもなく、単に自然の畸形なのかもしれない――おそらくは出産時の事故とか生活の環境によって不恰好にされたのだ。そして彼らは気味悪く病理的であるがゆえに興味深い[19]。

真相は「そうしたことのうちの少しずつ」でありそうだ。というのもこうした理由はどれも他の理由を排除していないからだ。彼らの骨はたくさんの癒えた傷の証拠を示し、歯はそれが道具として使われたように磨り減っているし、そして彼らの筋肉の発達は印象的に非対称である。彼らが何をしていたにせよ、それは厳しく、それは文化的で、人間的であった（少なくとも彼らは、チンパンジーよりも折れた腕を持った友を気遣った）。彼らはまた身体の一方の側で他方よりも多く運動をする傾向があった。彼らはヨーロッパの化石記録において、我々のように顎と額を持っていたが、より頑健でない者たち（ホモ・サピエンス」によって取って代わられた。そう、彼らは文明化されていなかった。時として死者を埋葬したが、しかしどんな副葬品も死者の旅路のために送らなかった。彼らは何も建造しなかった。少なくともあとに残り認識できるようなものは何も。もし自分を装飾していたとしても、あるいは美的感受性があったとしても、せいぜいそれは萌芽期といえるものだった。

人類とネアンデルタール人の空想的な出会いは広い範囲の文学的努力の主題であった。ジャック・ロンドン（『アダム以前』）やウィリアム・ゴールディング（『後継者たち』）の頃から現代の小説家ジーン・アウル（『地上の旅人（穴熊の部族）』）やロバート・J・ソウヤー（『ホミニッド――原人』）に至るまで。* 空想力を刺激するものは他者性との遭遇である。結局、スブリムス・デイと呼ばれるローマ教皇の大勅書の中で教皇パウルス三世がネイティヴ・アメリカンも本当に魂を持つ合理的存在であると公式に宣言したのは、ようやく一五三七年だった。** それゆえ、これほど異なっている彼らが、もしかしたら本当は人間ではないと考える誰かと遭遇した場合、どのようになったのであろうか？

もちろん我々は知らない――しかし、表面上は自然な質問「人間か否か？」に対する我々の答えが文化によって強く影響されることはたしかに知っている。一八世紀の自然史家が、いかなる場所においても生きている人が交配可能であることは我々が全て一つの種であることを示すと正しく評価したのに対して、一九世紀の奴隷使役者はその犠牲者の上に非人間的な状況を押しつけて、それを非人間的本性の表れとして読むことのために熱心に働いた。二〇世紀までに反動的な遺伝学者たちは、人種間交配には

* 列記されている四人はそれぞれ Jack London（一八七六－一九一六）、William Golding（一九一一－一九九三、一九八〇年にノーベル文学賞）、Jean Auel（一九三六－）、Robert J. Sawyer（一九六〇－）。

** パウルス三世が「新大陸」の住民も「魂をもつ存在」と認めたことは、この教皇の事績に数えられている。

隠された虚弱化の効果があるかも知れないことを示そうと試みた。[20] 一九五〇年代という遅い時期になっても、レジナルド・R・ラグレス・ゲイツという名の右翼的な植物遺伝学者は、植物は認識されている種の境界を越えて繁殖するのだから、人間の交配可能性は、我々の全部を同じ種の中に置く基準ではないだろうと論じようとした。そして一九六二年にカールトン・クーンという形質人類学者は、白人は黒人よりも二〇万年早く人類になったことが示されているという趣旨の本を書いて、そのキャリアと評判を台無しにした。[21] もちろんこれらの反動的な仕事は、全て時代の政治状況から影響を受けていた。そのことがまさに問題なのだ。

政治はより微妙なものだが、ネアンデルタール人は後ろへ前へと人間であることの境界を横切って長い年月にわたって往還させられてきた。彼らはその上に投射されたジェンダー役割を持ち、そして食人種として、またフラワー・チルドレンとしても描写され、[22] そして生物倫理学的議論の中でも追いかけられた——最近ではある遺伝学者が、クローンされたネアンデルタール人の妊娠を臨月まで続ける「異常に冒険好きの女性」を求めて、口達者に呼びかけている。[23] ネアンデルタール人は、身体の面では我々と少し差があるかもしれず、技術の面でも多少違うかもしれないが、彼らが心理的あるいは社会的にどうだったのかはもちろん分かっていない。そして化石は番いを作ることがない。それゆえ我々としては、「人間」の枠を拡大して彼らを含むようにするのか（亜種としてホモ・サピエンス・ネアンデルタレンシス——我々自身はそれに対してホモ・サピエンス・サピエンス）、あるいは「人間」をもっぱら今日的な、近代的な参照枠組みにおける人々に制限するのだろうか（そして彼らをホモ・ネアンデルタレンシスと呼ぶのだろうか）？　一九八〇年代には遺伝学のデータは強く後者の見方にひきつけて解釈された。今日ではそれらは強く前者にひきつけて理解されている。[24] 遺伝学的なデータが今後三〇年間に、どちらの見方を強く示すかは推測の域を出ない。その問題の最終決着は科学的、遺伝学的、あるいは解剖学的には決まらないように見える。それはこの問題、すなわち我々の種の境界、人間性の周りの垣根が自然／文化によって構成されているからである。

人類とネアンデルタール人の空想的な出会いで最も嘘らしいのは、我々が自分を分類づけしているやり方を以て、彼らも我々を分類づけるだろうということだ。まるでタイムマシンで紀元前七万年にやってきて、早期の人類の群れをたまたま見つけると挨拶があって、「ヘイ、「額＝顎」野郎がもう一人いたぞ！　こっち来てちょっと座れよ！　あんたロースト・マンモスは好きか？」という具合になるかのように。

しかしあなたは自分と同じ頭の形をした人々と一緒にたむろしない。誰もしない。もちろん実際には、彼らがおそらくいつもやってきて、そしてたぶんやるはずのやり方で値踏みをするだろう——相手の振る舞いが多少とも推測可能で、基本的な考えと価値を共有してコミュニケートできるか否か、様子を見るだろう。こちらの方は、どうコミュニケートし振る舞うか何も考えを持っていないので、脅威は与えないとしても、いくらかぎこちなく見えるだろう。相手が顎と額を根拠にしてこちらを値踏みしてくれると考えるのは、自民族中心主義的な自惚れであり、彼らにとってあなたはおそらく最低限、一人のネアンデルタール人と同じくらい違っているだろう。初期の近代的な人類の集まりの中でネアンデルタール人と同じように違っていれば、自分でそのことに気づかずに行動するとは考えにくい。しかし、自分の文化的な偏りを相手に刻みつけることで、洪積世の人々に自分たちの理解を強要することは、たぶん間違っているだろう。

一つの重要な文化的なバイアス（偏り）は、「架空のものを」具体化してしまうという過ちと関係している。単に彼らの技術が似ていて、体つきも似ているからと言って、ネアンデルタール人を単一のまとまったグループと想定するのか？　さらにまた、もし彼らが他の文化的グループのようであった――それはつまり我々のようにということだが――としても、おそらくは空間と時間の両方に関して、局所的な資源を違うふうに利用していただろうし、異なったようにコミュニケーションしていただろうし、異なったように振る舞っていただろう。彼らをそのように頭の形から見定めて、たぶん単一の文化的な単位だと考えることは、実際には少し誇張だ。アーリア人のことを考えてみよう。昔々オックスフォードにマックス・ミューラーという言語学者がいた。[*] 彼はサンスクリット語と古代インドの聖典をマスターして、アーリアと呼ばれる初期のインド人の高貴性について一般向けの研究書も書いた。そして、彼がアーリア語と呼ぶことにした祖形的なインド＝ヨーロッパ語の原話者は彼らであると推定した。その後間もなく、ミューラーの追随者はアーリア語を話していた人々について、その特質を文化と身体の双方にわたって語るようになった。有名なことだがミューラーは晩年に近いころ、盛んに勢いづいてアーリア人を再定義した追随者をたしなめた。

私は再三再四明言したのだが、私がアーリア人と言う場合に、それは血も骨も毛髪も骨格も意味していない。私は単にアーリア語を話す人々を意味している。……私は私自身、解剖学的な特徴に何も関わらない。……私にとって、アーリアの人種や、アーリアの血や、アーリアの眼や髪の毛について話す民族学者は、長頭の辞書や短頭の文法について話す語学者と同じように大いに罪人である。私にとっては、それはバビロンの言語の混乱より悪い――掛け値なしの窃盗である。(25)

要点は、彼はあくまで推論された言語について話していたことだ。誰かがそれを話していたはずで、何かに似て見えなければならなかった。しかし彼は、そうした想像は自分がアーリアと呼んでいた古い言語族について推論していたデータからは除かれていたことを自覚していた。そして我々は皆、それが二世代後どんなことになったかを知っている。[**] それゆえ人類学者は具体化することに用心深い人々なのだ。

しかしなお我々は近代の文化的な考えをネアンデルタール人の生存の上のみならず、彼らの死の上にもまた押しつけている。我々がネアンデルタール人について最も頻繁に問う質問は、なぜ彼らは絶滅したのか、である。なぜ彼らは我々のように上手くやれなかったのか？[(26)] その質問は、ネアンデルタール人に備わっていた欠陥を同定させることになる。なぜ彼らは、『種の起源』でダーウィンがサブタイトルで言っていたような「生存へ向けての闘争の中での好ましい人種の保全」に失敗したのか。要するに彼らの何が間違っていたのか？　たくさんの候補のリストがある。口が利けなさすぎた、コミュニケーションが下手だった、食人をやった、寒地に適応しすぎていた、平和主義でありすぎた、保守的でありすぎた、余りにみっともなかった。ただし我々は同じその質問を、以前の他の人間グループについては問わない。ヒッタイト人については何が間違っていたのか？　シュメール人では何が間違っていたの

* マックス・ミューラー（一八二三 ― 一九〇〇）は『リグ・ヴェーダ』の刊行など、東洋の宗教、日本での近代仏教についても業績の大きかった文献学者。

** ミューラーの死後、ここに引用されている本人からの警告にも拘らず、「人種主義的な要素も含むアーリア神話」は社会的、政治的に大きな影響力を持った。その「二世代後」として示唆されているのは、もちろんヒトラーがかついだナチズムである（一九四五年まで）。シンボル・マークの「卍」は直接にではないが、その影響を想起させる。

か？　オルモック人については何が間違っていたのか？　彼らは帝国を持っていたかもしれないが、彼らの帝国は衰退して滅びた。しかし我々はその人々を、彼ら自身の生＝文化的に構成された社会的単位の盛衰として見る――アイデンティティ（独自の個性）があり、課せられたアイデンティティを示し、墓や遺物とともに去り、違うアイデンティティを持った類縁者を後に遺してゆく。

系統および関係性は生＝文化的なものであり、統合された理論である血縁性のある側面をなしている――血縁性は、ひろく神話化された一つの生物学である。リアン・ブア出土の骨格遺物（「ホモ・フロレシエンシス」）の特徴が議論されているが、しかしインドネシアに一度孤立した島があって、遅くまで生き延びていた原始的なヒト族がいたとして、なぜそれが人類進化の科学にとって特に重要であるべきなのだろうか？[27]　彼らは実際には我々の考えをどう変えるのだろうか？　「ホビット」（ホモ・フロレシエンシスの通称）は、我々の深い血族関係と系統の物語の一部として、新しく発見された従兄弟として興味深いものではある。「ホビット」によって、神話 myth はせいぜいわずかには違ってくるだろう。しかしホモ・フロレシエンシスの新しい神話論 mythologies は、その科学的な価値をはるかに上回った。こうしてまた、ネアンデルタール人は古い流儀で次第に脱神話化されつつあると言っても、人間の起源の新しい神話論が形を取りつつあるのだ。

デニソワ人に会う

巨視的進化の分類学の思考を人類の微視的進化の上に押しつける問題は、「デニソワ人」に関する最近の論争の中に見られる。デニソワ人とは何者だったのか？　強壮な氷河時代の狩猟人種で、鉄の決意をもって大凍原を横断し、巨大な毛むくじゃらのマンモスをその目で見て、その機知と狡猾さによって、暗い原初のそして野蛮な時代に成功を遂げた。

実際にはそれは約五万年前と推測される指の骨と二本の歯であり、シベリアの洞窟の中のある単一層から得られた。そして高度の技術と低度の理論によって、多少のことがわかった。最初に、指の骨から単離されたミトコンドリアDNAは、それがネアンデルタール人の指の骨、及び近代人の指の骨のどちらとも遺伝学的に違うことがわかった(28)。そしてこの指の骨は速やかにゲノム、身体、遺伝子プール、そして一つの個体群にまでなった。それがデニソワ人である。* それから間もなくして、この指の骨の細胞核DNAの塩基配列が調べられて、デニソワ人がネアンデルタール人の変異的な派生であることを示した。

ここまでは問題ない。五万歳のシベリア出土のヒト族が、人間またはネアンデルタール人に密接な一致を示す理由はない一方で、その存在はごく一般には両者によく似ているだろう。またミトコンドリアと核のDNAの結果が完璧に一致すべきだという理由もない。なぜなら両者は違う伝えられ方をするからだ。つまり核DNAは、両親の色体を経由して伝えられるが、ミトコンドリアDNA(mtDNA)は母系のみから伝えられる。これは、誰でも染色体について見れば母と父に等しく近い関係にあること、しかしミトコンドリアについては母親のクローンであって父親とは関係していないことを意味する。それに加えて第1章でも書いたように、各人とも三世代遡れば八人の曽祖父母のうち一人についてミトコンドリア的にクローンであり、他の七人は関係していないことを意味する。mtDNAはハイテクだが、

* 発見され、ミトコンドリアDNAまで分析されたのは、指の骨だけであったのに、このDNAの分析データが「ひとり歩き」、「実体化」して、次頁図3の「デニソワ人」という架空の実体にまでまつり上げられたことを、言い回しとして表現している。

祖先をコモンセンス的あるいは規範的な遺伝学の文脈では継承しない。

しかし我々がデニソワ人のDNAを異なった近代的人間のグループのそれと比較し、系統樹を描くための独自のDNAの位置をコンピュータに尋ねるとき、何が起こるだろうか？　多くの人々はデニソワ人と類似する些細な断片しか持っていないけれども、類似が最も大きいのはアジア人ではなく、パプア・ニューギニアに出自を持つメラネシア人であることがわかる。実際には地理上でシベリア（指の骨の出土場所）からニューギニア（その指の骨に最大の遺伝的類似性が今日見つかる場所）に到着するには、何らデニソワ人の指の骨との遺伝的な類似性を持たない多くの人々を掻き分け進まねばならない。(29)

それから彼らが、同じ層だが指の骨より少しだけ下から出土した爪先の骨のDNA配列決定をしたところ、それがネアンデルタール人と同じクラスタに属し、指の骨とも近代人とも同じではないことを発見した。(30)

それから、デニソワ人より何百年か何千年か早く、そして何千マイルも離れたスペインの地点におけるいくらかのDNAをシークエンスしたところ、デニソワ人と親密な類似性があると同定された。(31)　最近に至っては、デニソワ人のDNAは近代のチベット人の高度な地帯への遺伝的適応の源として示唆されている。(32)

分岐学的、分類学的枠組みのもとでは、これは意味をなすことがたいへん難しい（図3）。

グラフは三つの枝を持って始まる。枝はそれぞれ近代人、デニソワ人、そしてネアンデルタール人へと至る。それゆえ人類の枝は副枝をのばさねばならず、そして副枝のいくつかはデニソワ人と結びつかねばならない。それゆえ物事はネアンデルタール人の後ろへ行ったり前へ行ったりする。そして気づいてみればこれはツリー（樹状の枝分かれ）を得たのでなく、トレリス（格子造り）あるいはリゾーム（繋

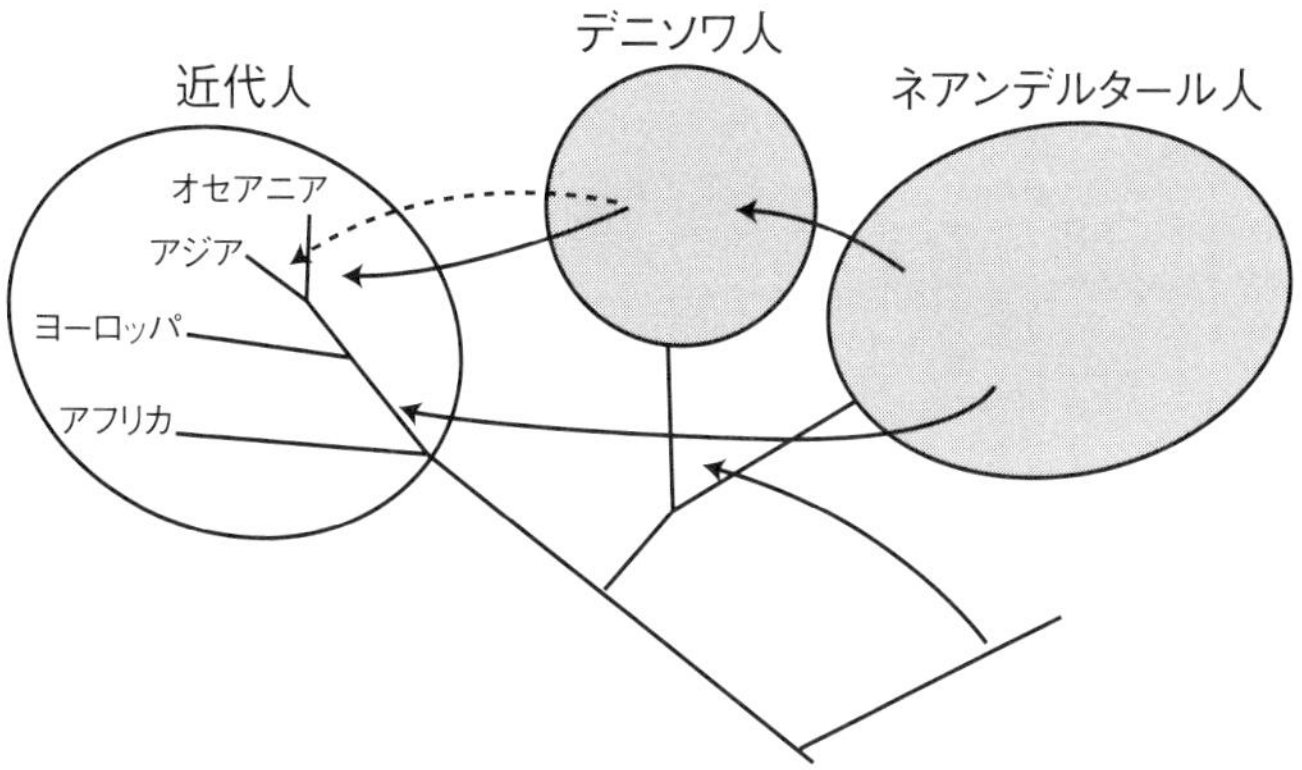

図3　推定されたヒト、デニソワ人、及びネアンデルタール人の間の遺伝子流の分岐学的関係とパターン（プリューファーら、二〇一四年に依る）

がり合う根）、または毛細管システムを得たのだ。あなたの過誤は、再構成しようとしている歴史が第一義的にツリーであると考えたところにあった。

　過去数十万年間の人類進化にわたって進行してきたものは微視的進化であり、それゆえ樹枝状でも樹状でもない。もし類似性の樹を、分類学的な不一致の樹と受け取るならば、これは大きな謎となる。分類学的な不一致という場合には、名前を持ったグループが生物学の単位として具象化されたものである。しかし、名前のつけられた人間の諸グループが生＝文化的実体であり、デニソワ人は具象化されたものだといったん認識すれば、疑問の枠を設定し直して、なぜ我々が遺伝学的なごた混ぜを見ているのかと問うことができる。もちろんその答えは、空間も時間も流動的な狩猟採集者の、人口統計学的には複合的で遺伝学的には連結されたグループを扱っているのだということで、それらの遺伝学的な関係は樹の枝ではなく、椀に盛り込んだラーメンの麺糸である。

　ある人々、そしてある人々のグループは、空間と時間の近接性にもとづいて他の者より遺伝学的に似通っている。そして実際それを研究し、「遺伝的距離」を求めて、そこから樹を作り出すことができる。それらは有益なこともあり、設定された知的な質問に答えることもできる。しかし集団遺伝学ではまた、全種類の人々のグループを樹状分割したものを描けることが知られてきた。一九八八年からのひろく公表された研究では国家的（政治的）な範疇（エチオピア、イラン、韓国）、言語的な範疇（バンツー、ウラル、ニロ＝サハラ）、民族的な範疇（クメール、エスキモー、アイヌ）、そして広い地理的な範疇（西アフリカ、中央アメリカインディアン、ヨーロッパ）のゲノムを一緒に連結した遺伝学的な樹を描いている。[33] しかしこれら〔の範疇〕は比較可能でもなければ自然な単位でもない。野心的な集団遺伝学者ならば、カーディナルズのファン、ブルージェイズのファン、そしてタイガーズのファンを分割することもできるだろうが、やはりその区分はショウジョウコウカンチョウ（猩々紅冠鳥）、アオカケス、そして虎*のような自然の単位でないことから、そんな樹が何の生物学的な意味も持ち得ないことを知るのだ。

似たように「イラン」あるいは「西アフリカ」あるいは「アイヌ」が何らかの種類の自然な、分類学的な単位を構成するという考えは、人類の微視的進化を考える上でたいへんな誤りに導く文化的な方法である。生物学者は一般に、巨視的進化での生物種の樹の間で目立つ顕著な不一致、あるいは種間の交雑（特に植物の場合）、あるいはDNAを一つの種から摘まみ上げて他の種の中へ置く奇妙に分布された少量のゲノムを描いた「網状の進化」に注意を向ける。それゆえある意味で、それは古いニュースだ。[34] しかし人間の場合、問題は、人間集団の偽＝分類学的な状態によって特にこみ入っている。これは、通常異なっている二つの種がたまに遺伝的断片を交換するような場合ではなく、違うアイデンティティ（独自性）や名前を持つにも拘らず歴史と行動によって緊密に結合された二つのグループの人々のような場合だ。そこには生＝文化的に構成されたグループと生物学的に構成されたグループの基本的な混同がある。

良い統計学は、間違った認識論を修正することが決してできない。

しかし、実際何万年も前からのＤＮＡ配列を互いに、そして特定の現生の人々と結びつけようとする試みが、生物学的に実にどれほど無意味であるかを示す興味深い数学的な議論がある。七〇億人以上の人々が現在生きている。全員には二人ずつ両親がいる。それならば一世代前には一四〇億人の人々が地球上にいたのか？　なぜいないのか？　なぜなら両親の大部分は祖先が共通だからである。二人の兄弟は四人の両親を持たない。両親は二人だ。二人の「いとこ」は合計八人の祖父母を持たない。祖父母は六人である。[**] そして一五世代前、つまり中世には、あなたは二の五〇乗人――あるいは大略一〇の一五乗人――の祖先を持っていた。当時生きていた人数よりも、またこれまで生きてきた総人数よりもはるかに多い。

そこで我々はどうやって、これまで抱えてきた膨大な数の祖先を、過去に生きていた数千万かそこらの人数へと圧縮するのだろうか？　答えは、彼らは大部分が共通祖先であるということだ。我々全てが近親交配であり、全員が互いに関係しているということだ。祖先の大多数は、(1)家系図の中で何回も繰り返し現れてくる、(2)祖先は自分たちが知っている他の誰もと共有されている。

ここで我々が描いている事柄は、人口統計学者や系図学者によって系図崩壊と呼ばれている。[35] それが意味することは、比較的最近の歴史的時間においてさえ、ほぼ全員が他の誰かと関係している（つまり

* 列記した鳥と獣は各野球チームのシンボル動物。第1章訳注を参照。
** いとこの祖父母は同じ。そこに子が二人いて（M、F）、それぞれのカップル（「結婚相手」：f、m）との間に生まれたのが「いとこ同士」。fとmにそれぞれ両親（いとこの「義理の祖父母」）合計四人がいて、「真の」祖父母と合わせて六人。

祖先を共有している）ということだ。[36] この事態はまた、疫病による人口壊滅や、ランダムにではなく言語や民族ごとにカップルを作る人類の一般的な傾向によっても、さらに加速される。

するとここで興味深い数学的な疑問が生じる。今日生きている誰もが共通祖先を持つということを本質的に統計学的に保証するには、時間をどのくらい遡らなくてはならないのだろうか？ 答えは驚くべき近過去で、わずかに五千あるいは一万年だ。[37]

二万年前の上洪積世に遡れば、ソー・オグ So Og* は現在生きていない誰もの祖先であり（その全ての家族は雪崩で殺されただろうから）、同時に今日生きている誰もの祖先である。もちろんある特定の祖先は、ある人々の系図においては他の人々の系図においてよりも繰り返して現れてくる。しかし二万年前に生きていた誰も、今日生きているある人々だけの直線的な祖先ではなかった。

それゆえ、それは我々の友人、五万年前のシベリアからのデニソワ人を、現生の人類との関係でどこに位置づけるだろうか？ ここで集団遺伝学は分子生物学と調和しないように見える。我々は少しのパーセンテージの類似性を、デニソワ人のゲノムのユニークなヌクレオチドを単離する時に見つけ、そしてそれらを近代人に対して比較する――そうすると我々はそれらがアジアよりメラネシアでより一般的であることを発見する。

この一見謎と思われる事態に対する解答は、遺伝的子孫関係はこうしてはるかに時を遡った時にはおそらく意味を持たないということだろう。五万年前の人々と現存する人々との関係は、様々なヒトゲノム・プールの醸造からかもし出される泡の系列であって、それらは全て色々なやり方で、そして色々な程度に互いに繋がっている。[38] もしも現代人のグループを生物学的に具体化し、太古のグループも同様に分類学的な実体として想像するならば、答えを得ることはできる。しかしそうした答えはおそらく、ほとんど乃至は全然、五万年前の人々から由来した現代人の系統という文脈の中では生物学的な意味を持たないだろう。

そこで、レクリエーション的な遺伝子検査の会社から、あなたのDNAはたとえば二・四パーセントはネアンデルタール人で、三・一パーセントはデニソワ人ですと言われたとき、それは系統に関してどんな意味をなすのだろうか？　二パーセントは少しのように聞こえるかもしれない。一〇〇のうちのわずか二つ。しかし五万年前に、他の誰かの身体的祖先に詰め込まれた天文学的な多数の直系祖先がいたことを思い出してみよう。それら五万年前の人々と、系統という意味での現在の自分との相違は量的であり、質的なものではない。相違は、各人の系図が何回、特定の太古の祖先に立ち戻ったかという点にある。我々は全て同じ祖先に由来している。ただしある者については他の者よりも多く由来している。その結果として、氷河期の強姦者の略奪集団——または遺伝的にはそれに相当するとしてもそれよりはマシな姿——などを思い浮かべる必要はない。ただ時間と空間を超えて、自分の全部が同じようにではないとしてもそれと結びついている、様々なヒト遺伝子プールの緩いネットワークをイメージしてみればよい。

結論

系統と関係性について考えるには多くの方法があるが、そのどれもが客観的ではない。そして文化的

＊ＯＧは女性の卒業生一般を指すことができる（old girls〔男性形は old boys〕）。'So Og' は、身分全般をマークス一流の手の込んだ皮肉で揶揄して、「血筋、身分を気にする誰某さん」という意味に受け取ると、筋が通る（フェミニズムからの批判があるかもしれないが）。

でないものはない。我々はたいてい、類縁関係の文化的な研究を、家族や親族や祖先に適用できると考えるが、そのような一般論はホモ・サピエンスとそのアウストラロピテクス・アファレンシスからの系統、またそのパン・トログロディテス（チンパンジー）への関係にも適用される。それについて考える方法は骨格的、考古学的、霊長類学的、民族誌学的、歴史的など、多かれ少なかれ利用可能なデータによって制約されている。祖先や親類との出会いということは必然的にこの科学を、他の分野で訓練された科学者にはしばしば馴染みのない、再帰性を伴うものにする。

我々はしばしば、ゲノム学が時代の重要な進化的問題に答えてくれるだろうということに望みを託しているが、それは文化的理由からのもので、遺伝子の誇大宣伝という名さえあるヒトゲノム計画の時代の結果としてである。[39] 遺伝学は遺伝に関する科学的研究であるが、遺伝が人生で最重要な要素だという思想とは別であることが積極的に求められてきた。ただこの二つの考えは、しばしば遺伝学者自身によって二〇世紀の間にひろく合体されてきた。遺伝学は問題で駆動される（「遺伝はどのように作用するのか」）のに対して、ゲノム学はしばしば財政的、学技術的な関心によって駆動された。ヒトゲノム計画は遺伝病を癒すことを目的として始められたが、その第一の利点は診断学的な面や法医学の面にあった。しかし進化人類学においては、ゲノム学は最も基本的な質問、なぜ我々は類人猿ではないのか、に答えられない。のみならずそれは答えられるとも思えない。なぜならそれはゲノム／生物学的な領域と同時に社会／歴史的な領域にも大いに関わっているからだ。

人類という種の境界が争われること自体、この境界というものを、人類の条件の研究にとって人類学が果たす独自の寄与を理解することの基礎として用いることを許している。基礎となるのは、人間の生物学的事実が決して自然的な事実ではなく、自然／文化的な事実だということである。すなわちこうした事実とは発見されるのではなく、「そこにある」ように見えるもの、つまり我々が記述し、理解し、説明する努力に注ぎ込む考えと、そしてまた我々自身がそれをどう表現し、利用するのかという我々自身に感受された合理的な関心の複合的なやりとりの結果である。人間の生物学の事実を自然的事実として誤表現したことが、歴史的には、保守的な政治的意見を表向きには科学として正当化したことだった。

その結果として近代の進化理論の主要な闘いは、科学的な正当性を主張するために進化を引き合いに出す不快な政治的見解から距離を取ることにあった。二〇〇七年のある保守的な学者によれば、「保守主義はチャールズ・ダーウィンを必要としている……二一世紀における保守主義の知的活力は、保守的思想を確固たるものとする上で、人間の性質の生物学における進歩に訴えることとの成功に関わっているだろう」。ここでは「人間の性質」は、社会的進歩にとっての想像的な有機体としての限界という以上のことは、ほとんど意味していない。

こうした想像的な限界は、しばしば非＝科学者の方が見えやすい。『種の起源』は一八五九年に書かれたけれども、いまだしかめ面をすることなしに読むことができる。特にダーウィンがその中で、人間について話すことを避けたからだ。そして一〇年後に『人間の由来』の中でようやく人間について話す機会を得たとき、そこには最も性的なヴィクトリア朝の場当たり主義的な言葉が一杯であるのを見ることができる。実際にいくらか遅れて、一九二二年に政治家ウィリアム・ジェニングズ・ブライアンがニューヨーク・タイムズ紙上に個人見解を書いた中で進化論に対抗したとき、彼はダーウィンの後期の著作の中に同定できた性差別主義を特に取り上げた。

ダーウィンは、我々の野蛮な祖先の間で、男性が女性を巡って闘い、そうやって彼らの心を鍛えたがゆえに、男性の心は女性のものより勝ったものになったと説明する。もし彼がいままで生きていたならば、彼はこのような不条理な説明を必然的とは感じなかっただろう。なぜなら女性の心はいまや男性のそれに劣ると信じられていないからだ。[40]

これは特に、ほぼ一世紀後にハーバード大学の学長だったラリー・サマーズが、彼自身の研究所のような高等科学学部になぜこんなに少数の女性しかいないのかと疑問を提出した後に彼を包んだスキャンダルに照らしてみると、皮肉である。彼の答えは、おそらく彼女らは高い目的に向かう生得的な才能を欠いているというものだった。あるいはそれは本当かも知れない。男性には、科学に才能を持たせがちにするオカルト的な精神的力があるのかも知れない。しかしハーバードやその他の制度化された科学のテニュア〔教授職の永久在職〕制の慣行を精査しない限りは、どうやって分かるだろうか。問題は中身というよりは、パイプラインそれ自体なのかも知れない。しかし想像的な遺伝的限界を引合いに出して、サマーズは問題が科学やハーバードにはなく、女性にあるのだと示唆した。それゆえもしこの現象が単にホモ・サピエンスの生物学の一部ならば、本当に心配し、調査すべき社会的または制度的な差別に関する問題は何もない――しかし実際には人間の本性について科学的な事実のふりをする高度に生＝政治的な偽装である。こうして〔生物学が〕引合いに出された場合には、いつもそれは間違ってきた。だから、それが正しいという機会は、おそらくほとんどないだろう。

今日では、いろいろ程度は違うがひどく不愉快な生＝政治的な主張の支持を求めるのに、進化にかこつける例が少なくない。真に利己的な行為などは無いとか、自分と異なる人々を嫌うのは自然なことであるとか、男にとって若い女の子が好きだったり女性が金離れの良い中年男が好きだったりするのは自然なことであるとか、レイプは性を武器として使う力づくの犯罪ではなく、ただ誘導のされ方を間違えた再生産の努力であるとか、あるいは異なった種類の人々があり、ただ彼らは対処すべき別種の知的特質を持っているとか[41]。もし創造説がなぜ存在するのか知りたいのであれば、それはこのたわごとが、進化〔論〕にとって通用するからだ。言えばいろいろあるが、まあただ表面を引っ掻いただけに過ぎない。

たしかに、人間の遺伝子プールはいろいろなやり方で細工されていて、そうした細工を過大評価することはいつも容易だ[42]。結局、良い視力や病気への抵抗性のためのどんな遺伝子座があるとしても、それらは近代社会で眼鏡や抗生物質がそうであるのと同じくらいの重要さでしかない。近年の遺伝的適応の最良の例は、「良い」遺伝子の分布拡大ではない。結局のところ鎌状赤血球貧血は病気である。それは赤血球の形をビアリー〔朝食用の丸い平底パン〕の形からクロワッサンの形へと変える。それは「良い」ことだが（マラリア耐性という意味では）、これは、この遺伝子のコピーをゼロでも二個でもなく一個だけ持っている場合に限る。* しかしこの遺伝子のコピーを一個持つ人の子供が、必ずしも彼ら自身その対立遺伝子のコピーを一個持つとは限らない。ゼロとか二個を持つこともあって、それはどちらも適応的ではない。結果としてそれは、それが見出される地域ではどこでも多形的である――集団の誰もがその

* 鎌状赤血球貧血については第3章訳註を参照。再度要約すれば、この原因遺伝子 s は正常の対立遺伝子Sの突然変異型で、ヘテロの遺伝子組み合わせSsを持つ人では赤血球中の異常ヘモグロビンは半量程度で、赤血球の鎌状化と破壊も致死的でない一方、マラリア原虫は赤血球内環境が不利なので増殖が抑えられて、マラリア抵抗性が高い。マラリア流行地域ではホモの「健常者」Ssはマラリアに不利となる。他方、変異遺伝子についてホモの患者ssは、若年期に本来の貧血で死亡しやすい。結局ヘテロの遺伝子の保有者Ssは相対的に「不利さが少ない」ことから、集団内で一定の比率を占め、ヘテロの保有者同士の結婚から、再度1／2の確率でSsの子が生まれ、遺伝子保有者としてはSSとSsとssが一定比率で永続する「多型状態」が続く。

遺伝子を持っているわけではない。ラクトース耐性については、同じくらい多くが知られていない。** この遺伝子は、ひどい下痢をおこすことなくキッシュを食べることを許す。しかしこれもまた、どの地域でも多形的である。全員がキッシェ食いだという集団はない。ミルクを飲めるようにするラクターゼ許容の遺伝子があり、これが数千年前に南東ヨーロッパから北西ヨーロッパへと広がったというストーリーを我々は持っているのだが、これは過度に単純化されすぎている。というのも、最もラクトース耐性のある人々は最初に乳製品食者となった人々（南東ヨーロッパ）ではなくて、最後に乳製品食者となった北西ヨーロッパの人々なのだ。(43) そしてまた、『サイエンス』誌に二〇〇五年に掲載された人間の脳における遺伝子の適応のストーリーは、ほとんど人種差別主義者のゲノム神話以上のものではなかった。(44) 科学者は熱心に、人類集団での近年の有利な遺伝的適応の証拠を探し続けていて、数世代前の科学者がひどく熱心に、脳のサイズを知性に結びつける信頼できる証拠を探したのに似ている。何がこのような動機づけになっているのか、不思議に思うのに十分である。そういう証拠があるとしても、それは実際には重要ではありえないだろう。なぜなら我々は本当に熱心に長い間それを探し続けて、見つけられなかったのだから。

人間の脳、心、遺伝子プールは一般的に顕著に非適応的でまた可塑的なものである。以下の諸条件が満たされていれば、これは大いに意味をなす。すなわち(1)適応にではなく、むしろ適応可能性に頼ったことが、我々の系統の進化を保証してきたこと、(45) (2)早期の人間集団（個体群）が適応を遂げてきた環境の範囲と複雑さ、(46) そして(3)早期の人間集団の人口統計学からすれば、脳を含むどんなものの精密な運用にも増して、むしろ遺伝的浮動の作用が有利だったであろう、(47) ということである。

私は本書で、人間の起源の科学のとらえ方は多数の要素からなっていると論じてきた。第一に、データとそれらがどうやって作られるのかということの理解。第二に、我々が祖先をどう理解するか（系統発生学）と、そして自分自身をどう理解するか（多様性）ということの結合。第三に、人間の進化理論の文化的な側面を認識し、抑止的な祈りなどは拒んで、前進的な示唆に焦点を合わせること。そして第四に、起源の語り一般は政治的、神学的、また倫理的な側面と再帰的に結びついていること。そして最後に、創造主義論者の語りについて、彼らが進化を、最近の数十年にそうしてきたよりも、文化的に脅威としてではなく、それゆえ排斥すべきものとしてではなく考えるようになることを望みたい。

＊＊小腸などで乳糖（ラクトース）の消化酵素（ラクターゼ）の活性が不足して生ずる症状を乳糖不耐症と呼び、消化不良や下痢などの症状を呈する。乳製品の普及などもあって症例が多く、二〇世紀後半に研究が進む中で、この酵素の遺伝子の突然変異が比較的近年に欧州の一部でまず生じ、固定してきたと論じられ、それが人種差と結びつく傾向（牧畜を営んできた北ヨーロッパ人では乳糖不耐症の発生頻度が低く、南ヨーロッパやアーリア系のインド人などで頻度が高い。またアジアでは発生頻度が高いなど）が、ここで批判的に取り上げられている。なおキッシュは、卵とクリーム（乳糖を多く含む）を使った地中海沿岸地方などの郷土料理。

原註

序章

（1） Franklin, S. 2013. *Biological Relatives: IVF, Stem Cells, and the Future of Kinship*. Durham, NC: Duke University Press.

（2） Gee, H. 2013. *The Accidental Species: Misunderstandings of Human Evolution*. Chicago: University of Chicago Press, p. 13.

（3） Snow, C. P. 1959. *The Two Cultures and the Scientific Revolution*. London: Cambridge University Press.

第1章　科学

（1） Simpson, G. G. 1966. “The Biological Nature of Man.” Science 152:472–78.

（2） Schneider, D. M. 1968. *American Kinship: A Cultural Account*. Englewood Cliffs, NJ: Prentice-Hall. Franklin, S., and S. McKinnon, eds. 2001. *Relative Values: Reconfiguring Kinship Studies.* Durham, NC: Duke University Press. Carsten, J. 2004. *After Kinship*. New York: Cambridge University Press. Sahlins, M. 2011. “What Kinship Is, Part One.” *Journal of the Royal Anthropological Institute* 17:2–19.

（3） Dundes, A. 1998. *The Vampire: A Casebook.* Madison: University of Wisconsin Press.

（4） Gobineau, A. 1853. *Essai sur l’inégalité des races humaines.* Vol. 1. Paris: Firmin Didot Fréres. Gobineau, A. 1915. *The Inequality of Human Races*. New York: G.P. Putnam’s Sons. Poliakov, L. 1974. *The Aryan Myth*. New York: Basic Books. 〔レオン・ポリアコフ（著）／アーリア主義研究会（訳）『アーリア神話——ヨーロッパにおける人種主義と民族主義の源泉』（法政大学出版局、二〇一四）〕。

（5） Kale, S. 2010. “Gobineau, Racism, and Legitimism: A Royalist Heretic in Nineteenth-Century France.” *Modern Intellectual History* 7:33–61.

（6） Snow, C. P. 1959. *The Two Cultures and the Scientific Revolution.* London: Cambridge University Press. 〔C・P・スノー（著）／松井巻之助（訳）『二つの文化と科学革命』（みすず書房、一九七二）〕。 Franklin, S. 1995. “Science as Culture, Cultures of Science.” *Annual Review of Anthropology* 24:163–84. Marks, J. 2009. *Why I Am Not a Scientist: Anthropology and Modern Knowledge*. Berkeley: University of California Press.

（7） Goldacre, B. 2009. *Bad Science*. London: Harper Perennial. Washington, H. A. 2012. *Deadly Monopolies*. New York: Random House. Kahn, J. 2012. *Race in a Bottle: The Story of BiDil and Racialized Medicine in a Post-Genomic Age.* New York: Columbia University Press.

（8）　Punnett, R. C. 1905. *Mendelism*. Cambridge: Macmillan and Bowes, p. 60.

（9）　Putnam, C. 1961. *Race and Reason*. Washington, DC: Public Affairs Press. Jackson, J. P., Jr. 2005. *Science for Segregation*. New York: NYU Press.

（10）　Dobzhansky, T. 1963. "Probability That Homo sapiens Evolved Independently 5 Times Is Vanishingly Small." *Current Anthropology* 4:360, 364–66. Birdsell, J. 1963. Review of *The Origin of Races*, by C. S. Coon. *Quarterly Review of Biology* 38:178–85. Garn, S. 1963. Review of The *Origin of Races*, by C. S. Coon. *American Sociological Review* 28:637–38. Caspari, R. 2003. "From Types to Populations: A Century of Race, Physical Anthropology, and the American Anthropological Association." *American Anthropologist* 105:65–76. Marks, J. 2008. "Race across the Physical-Cultural Divide in American Anthropology." In A New History of Anthropology, ed. H. Kuklick. New York: Wiley-Blackwell, pp. 242–58.

（11）　Dobzhansky, T. 1962. "Genetics and Equality." *Science* 137:112–15. Baker, L. D. 2010. *Anthropology and the Racial Politics of Culture*. Durham, NC: Duke University Press.

（12）　Cavalieri, P., and P. Singer, eds. 1993. *The Great Ape Project*. New York: St. Martin's Press.〔パオラ・カヴァリエリ、ピーター・シンガー（編）／山内友三郎、西田利貞（監訳）『大型類人猿の権利宣言』（昭和堂、二〇〇一）〕。

（13）　Hunt-Grubbe, C. 2007. "The Elementary DNA of Dr. Watson." *Sunday Times London*, 14 October. Watson, J. 2007. *Avoid Boring People*. New York: Alfred A. Knopf.〔ジェームズ・D・ワトソン（著）／吉田三知世（訳）『DNAのワトソン先生、大いに語る』（日経BP社、二〇〇九）〕。

（14）　Marks, J. 2009. "Is Poverty Better Explained by History of Colonialism?" *Nature* 458:145–46.

（15）　「科学的人種主義」の語で私が意味しているのは、人々のグループ間の社会的な不平等を、通常は生来の知的適性ということから推測される自然な差違を理由として、正当化する行為である。最近記憶されているもっとも不評判な例は、心理学者リチャード・ハーンスタインと政治家チャールズ・マレーによる *The Bell Curve*（1994）だった。より近年の例には、物理学者グレゴリー・コクランおよび人類学者ヘンリー・ハーペンディングによる *The 10,000 Year Explosion: How Civilization Accelerated Human Evolution* (2009)〔グレゴリー・コクラン、ヘンリー・ハーペンディング（著）／古川奈々子（訳）『一万年の進化爆発――文明が進化を加速した』（日経BP社、二〇一〇）〕や、科学ジャーナリストのニコラス・ウェイドによる *A Troublesome Inheritance: Genes, Race and Human History* (2014)〔ニコラス・ウェイド（著）／山形浩生、守岡桜（訳）『人類の遺産』（晶文社、二〇一六）〕がある。

（16）　「このように単純な始まりから、もっとも美しくまたもっとも驚異的な無限の形態が進化 evolved してきて、また進化しつつある」。Darwin, C. 1859. *On the Origin of Species by Means of Natural Selection, or the Preservation of Favoured Races in the Struggle for Life*. London: John Murray, p. 490.〔ダーウィン（著）／八杉龍一（訳）『種の起源』上・下（岩波書店、一九九〇）など〕。この有名な最後の文章において、ダーウィンは近代的な意味での「分化」を意図したのではなく、今日では古典的な意味で言うところの単純から複雑への「発達」あるいは「変化」を意図していた。意外なことでもないが、ダーウィニズムの早期の数十年間は一般的に、この理論は「発達理論」あるいは「変容説」と言及された。

（17） 私の哲学史の議論は必然的に、希釈されたものとなっている。相対主義についての立ち入った解析については、Krausz, M. 2010. *Relativism: A Contemporary Anthropology*. New York: Columbia University Press. を参照。

（18） Exodus 22:18; Galatians 5:20.

（19） Lovejoy, A. O. 1936. *The Great Chain of Being*. Cambridge, MA: Harvard University Press.〔アーサー・O・ラヴジョイ（著）／内藤健二（訳）『存在の大いなる連鎖』（ちくま学芸文庫、二〇一三）〕。

（20） Rousseau, J.-J. 1755. *Discours sur l'origine et les fondements de l'inégalité parmi les hommes*. Amsterdam: Marc Michel Rey.〔ルソー（著）／中山元（訳）『人間不平等起源論』（光文社古典新訳文庫、二〇〇八）など〕。

（21） Nisbet, R. 1980. *History of the Idea of Progress*. New York: Basic Books.

（22） Benedict, R. 1934. Patterns of Culture. New York: Houghton Mifflin.〔ルース・ベネディクト（著）／米山俊直（訳）『文化の型』（講談社学術文庫、二〇〇八）など〕。これらはまた、Wilhelm Dilthey を含むヨーロッパの哲学的伝統の上に立っており、その根源自体をますます人類学的なデータに求めるようになっている。Westermarck, E. 1932. *Ethical Relativity*. London: Kegan Paul, Trench, Trübner.「文化的相対性 cultural relativity」の句は一九三九年に American Anthropologist 誌に初めて現れ、その後第二次世界大戦後まで「文化的相対主義 cultural relativism」に変えられなかった。Lesser, A. 1939. "Problems versus Subject Matter as Directives of Research." *American Anthropologist* 41:574–82. Williams, E. 1947. "Anthropology for the Common Man." *American Anthropologist* 49:84–90.

（23） ブリッジウォーター伯爵は一八三〇年代に、十分な長さの一連の科学論文の執筆を委嘱した。これは自然諸科学の状況の要約を意図したもので、これらの事実は創造の英知を裏づけするものと想定された。しかし論文は長持ちするものではなく、次の世代にはほとんど敬虔者のナンセンス以上のものではなくなった。

（24） Radick, G. 2010. "Did Darwin Change His Mind about the Fuegians?" *Endeavour* 34:50–54. James, W. 2009. "Charles Darwin at the Cape." *Quest* 5:3–6. Desmond, A. J., and J. R. Moore. 2009. *Darwin's Sacred Cause: How a Hatred of Slavery Shaped Darwin's Views on Human Evolution*. New York: Houghton Mifflin Harcourt.

（25） 頭蓋学の「アメリカ学派」については以下を参照。Hrdlička, A. 1918. "Physical Anthropology: Its Scope and Aims; Its History and Present Status in America." *American Journal of Physical Anthropology* 1:133–82. Stanton, W. R. 1960. *The Leopard's Spots: Scientific Attitudes toward Race in America, 1815–59*. Chicago: University of Chicago Press. Odom, H. H. 1967. "Generalizations of Race in Nineteenth-Century Physical Anthropology." Isis 58:5–18. Haller, J. S., Jr. 1970. "The Species Problem: Nineteenth-Century Concepts of Racial Inferiority in the Origin of Man Controversy." *American Anthropologist* 72:1319–29. Brace, C. L. 2005. *"Race" Is a Four-Letter*

Word: The Genesis of the Concept. New York: Oxford University Press. フランツ・ボアズはコロンビア大学によって、ヘリチカよりも早くに形質人類学者として呼び戻されていたのだが、この分野に集中できなかった。

（26） Cunningham, D. 1908. "Anthropology in the Eighteenth Century." *Journal of the Royal Anthropological Institute of Great Britain and Ireland* 38:10–35. Smith, G. E. 1935. "The Place of Thomas Henry Huxley in Anthropology." *Journal of the Royal Anthropological Institute of Great Britain and Ireland* 65:199–204. Stocking G. W. 1971. "What's in a Name? The Origins of the Royal Anthropological Institute 1837–71." Man 63:369–90.

（27） Zimmerman, A. 1999. "Anti-Semitism as Skill: Rudolf Virchow's *Schulstatistik* and the Racial Composition of Germany." *Central European History* 32:409–29. Manias, C. 2009. "The *Race prussienne* Controversy: Scientific Internationalism and the Nation." *Isis* 100:733–57.

（28） Köpping, K. 1983. *Adolf Bastian and the Psychic Unity of Mankind.* St. Lucia: University of Queensland Press.

（29） Spencer, F. 1979. "Aleš Hrdlička, MD, 1869–1943: A Chronicle of the Life and Work of an American Physical Anthropologist." PhD diss., University of Michigan. Marks, J. 2002. "Aleš Hrdlička." In *Celebrating a Century of the American Anthropological Association: Presidential Portraits,* ed. R. Darnell and F. Gleach. Arlington, VA: American Anthropological Association; Omaha: University of Nebraska Press, pp. 45–48.

（30） Hooton, E. A. 1936. "Plain Statements about Race." *Science* 83:511–13. Barkan, E. A. 1993. *The Retreat of Scientific Racism.* New York: Cambridge University Press.

（31） Anonymous. 1937. "'Biological Purge' Is Urged by Hooton. Harvard anthropologist says 'sit-down strike' in moron breeding is essential. Or unfit society will die. Howl of Roman mob for bread and circuses is re-echoing ominously, he declares." *New York Times*, 21 February. Hooton, E. A. 1939. The American Criminal: An Anthropological Study. Vol. 1, *The Native White Criminal of Native Parentage.* Cambridge, MA: Harvard University Press. Giles, E. 2012. "Two Faces of Earnest A. Hooton." *Yearbook of Physical Anthropology* 55:105–13.

（32） Washburn, S. L. 1951. "The New Physical Anthropology." *Transactions of the New York Academy of Sciences, Series II*, 13:298–304.

（33） Weiner, J. S. 1957. "Physical Anthropology: An Appraisal." *American Scientist* 45:79–87. Hulse, F. S. 1962. "Race as an Evolutionary Episode." *American Anthropologist* 64:929–45. Livingstone, F. B. 1962. "On the Non-existence of Human Races." *Current Anthropology* 3:279–81. Washburn, S. L. 1963. "The Study of Race." *American Anthropologist* 65:521–31.

（34） Dupré, J. 1993. *The Disorder of Things: Metaphysical Foundations of the Disunity of Science*. Cambridge, MA: Harvard University Press.

(35) Malinowski, B. 1935. *Coral Gardens and Their Magic*. London: Allen and Unwin.
(36) Bacon, F. 1597. *Meditationes Sacrae*. London: Hooper.
(37) Whewell, W. 1840. *The Philosophy of the Inductive Sciences*. London: John W. Parker.
(38) Gregory, B. 2012. *The Unintended Reformation*. Cambridge, MA: Harvard University Press.
(39) Strauss, D. F. 1835. *Das Leben Jesu kritisch bearbeitet*. Tübingen: C.F. Osiander. 〔ダーフィット・フリードリヒ・シュトラウス（著）／生方卓ほか（訳）『イエスの生涯・緒論』（世界書院、一九九四）〕。

第2章　歴史と倫理

(1) Numbers, R. L. 1992. *The Creationists*. New York: Knopf.
(2) Harwit, M. 1996. *An Exhibit Denied: Lobbying the History of Enola Gay*. New York: Copernicus. 〔マーティン・ハーウィット（著）／渡会和子、原純夫（訳）『拒絶された原爆展――歴史のなかの「エノラ・ゲイ」』（みすず書房、一九九七）〕。
(3) Anonymous. 2010. "Rewriting History in Texas." *New York Times* editorial, 15 March.
(4) Darwin, C. 1866. *On the Origin of Species by Means of Natural Selection*. 4th ed. London: John Murray. 〔ダーウィン（著）／八杉龍一（訳）『種の起原』上・下（岩波文庫、一九九〇）など〕。 Ruse, M. 1979. *The Darwinian Revolution: Nature Red in Tooth and Claw*. Chicago: University of Chicago Press. Eiseley, L. 1979. *Darwin and the Mysterious Mr. X*. New York: E.P. Dutton. 〔ローレン・アイズリー（著）／垂水雄二（訳）『ダーウィンと謎のX氏――第三の博物学者の消息』（工作舎、一九九〇）〕。
(5) メンデルの役柄は、遺伝学の謎めいた一人の先駆者に割り振られた。Bowler, P. J. 1989. *The Mendelian Revolution: The Emergence of Hereditarian Concepts in Modern Science and Society*. Baltimore: Johns Hopkins University Press.
(6) Gleick, J. 2007. *Isaac Newton*. New York: Random House. Kohler, R. E. 1994. *Lords of the Fly: Drosophila Genetics and the Experimental Life*. Chicago: University of Chicago Press. Banner, L. W. 2010. *Intertwined Lives: Margaret Mead, Ruth Benedict, and Their Circle*. New York: Random House.
(7) Lyell, C. 1830. *Principles of Geology*. Vol. 1. London: John Murray, p. 48. 〔ライエル（著）／ジェームズ・A・シコード（編）／河内洋佑（訳）『ライエル地質学原理』上・下（朝倉書店、二〇〇六－二〇〇七）〕。
(8) Gordin, M. D. 2012. *The Pseudoscience Wars: Immanuel Velikovsky and the Birth of the Modern Fringe*. Chicago: University of Chicago Press.
(9) Butterfield, H. [1931] 1965. *The Whig Interpretation of History*. New York: W.W. Norton.
(10) Poole, W. 2010. *The World Makers: Scientists of the Restoration and the Search for the Origins of the Earth*. Oxford: Peter Lang.

(11) Ray, J. 1691. *The Wisdom of God Manifested in the World Of Creation*. London: Samuel Smith. Gillespie, N. C. 1987. "Natural History, Natural Theology, and Social Order: John Ray and the 'Newtonian ideology.'" *Journal of the History of Biology* 20:1–49. Brooke, J. H. 1989. "Science and the Fortunes of Natural Theology: Some Historical Perspectives." *Zygon* 24:3–22. Gillespie, N. C. 1990. "Divine Design and the Industrial Revolution: William Paley's Abortive Reform of Natural Theology." *Isis* 81:214–29. Ospovat, D. 1995. *The Development Of Darwin's Theory: Natural History, Natural Theology, and Natural Selection, 1838–1859*. New York: Cambridge University Press. McGrath, A. E. 2013. *Darwinism and the Divine: Evolutionary Thought and Natural Theology*. New York: John Wiley & Sons.

(12) Rudwick, M. J. 2005. *Bursting the Limits of Time: The Reconstruction of Geohistory in the Age of Revolution*. Chicago: University of Chicago Press.

(13) Greene, J. C. 1954. "Some Early Speculations on the Origin of Human Races." *American Anthropologist* 56:31–41. Lurie, E. 1954. "Louis Agassiz and the Races of Man." *Isis* 45:227–42. Odom, H. H. 1967. "Generalizations of Race in Nineteenth-Century Physical Anthropology." *Isis* 58:5–18. Haller, J. S., Jr. 1970. "The Species Problem: Nineteenth-Century Concepts of Racial Inferiority in the Origin of Man Controversy." *American Anthropologist* 72:1319–29.

(14) Van Riper, A. B. 1993. *Men among the Mammoths*. Chicago: University of Chicago Press. Livingstone, D. 2008. *Adam's Ancestors: Race, Religion, and the Politics of Human Origins*. Baltimore: Johns Hopkins University Press.

(15) Trautmann, T. R. 1991. "The Revolution in Ethnological Time." *Man* 27:379–97. Augstein, H. F. 1997. "Linguistics and Politics in the Early 19th Century: James Cowles Prichard's Moral Philology." *History of European Ideas* 23:1–18. Benes, T. 2008. *In Babel's Shadow: Language, Philology, and the Nation in Nineteenth-Century Germany*. Detroit: Wayne State University Press. Browne, T. 2010. *The World Makers: Scientists of the Restoration and the Search for the Origins of the Earth*. Oxfordshire: Peter Lang.

(16) López-Beltrán, C. 2004. "In the Cradle of Heredity; French Physicians and L'hérédité naturelle in the Early 19th Century." *Journal of the History of Biology* 37: 39–72. Müller-Wille, S., and H.-G. Rheinberger, eds. 2007. *Heredity Produced: At the Crossroads Of Biology, Politics, and Culture, 1500–1870*. Cambridge, MA: MIT Press. Müller-Wille, S., and H.-G. Rheinberger. 2012. *A Cultural History of Heredity*. Chicago: University of Chicago Press.

(17) 植物の細胞と種は第三日目、動物の細胞と種は第五日目と第六日目。聖書は微生物については何も言及していない。

(18) Livingstone, David N. 2014. *Dealing with Darwin: Place, Politics, and Rhetoric in Religious Engagements with Evolution*. Baltimore: Johns Hopkins University Press.

(19) Haeckel, E. 1868. *Natürliche Schöpfungsgeschichte*. Berlin: Reimer. Kellogg, V. L. 1917. *Headquarters Nights: A Record of Conversations and Experiences at the Headquarters of the German Army in France and Belgium*. Boston: Atlantic Monthly Press.

（20） Bryan, W. J. 1922. "God and Evolution." *New York Times*, 26 February.

（21） あたかも彼らが本能的にそこで生活する仕方を知っていたかのようだ！　この主張はしばしば、エボラのような病気が残りの類人猿個体群を激減させているという事実にも拘らず、類人猿への全ての医学研究を止めるべしというかのような主張を伴っている。

（22） Rupke, N. 2010. "Darwin's Choice." In *Biology and Ideology from Descartes to Dawkins*, ed. D. Alexander and R. L. Numbers. Chicago: University of Chicago Press, pp. 139–65. Bowler, P. J. 2013. *Darwin Deleted: Imagining a World without Darwin*. Chicago: University of Chicago Press.

（23） Shaw, G. B. 1921. Back to Methuselah: *A Metabiological Pentateuch*. New York: Brentano's.

（24） Haeckel, E. 1868. *Natürliche Schöpfungsgeschichte*. Berlin: Reimer. 彼のグロテスクな人種的な戯画は、ドイツ語の第一版の冒頭の口絵に現れ、ドイツ語の第二版では訂正された。しかし英語の翻訳版では削除されていた。Marks, J. 2010. "Why Were the First Anthropologists Creationists?" *Evolutionary Anthropology* 19:222–26. ロバート・チェンバーズは無署名にだが、*Vestiges of the Natural History of Creation* (1844) で、他の人種は未成熟な形態の欧州人であり、発達のさまざまの段階で止まったものだと示唆した。

（25） Richards, R. 2008. *The Tragic Sense of Life: Ernst Haeckel and the Struggle over Evolutionary Thought*. Chicago: University Of Chicago Press.

（26） Eddy, J. H., Jr. 1984. "Buffon, Organic Alterations, and Man." *Studies in the History of Biology* 7:1–46.

（27） この用語は、富裕階級の強欲を正当化するのにダーウィンを引き合いに出すことの多かった一九世紀後期の諸説を回顧して指すラベルとして、二〇世紀中葉にひろく使われるようになった。Hofstadter, R. 1944. *Social Darwinism in American Thought*. Philadelphia: University of Pennsylvania Press. Hawkins, M. 1997. *Social Darwinism in European and American Thought, 1860–1945: Nature as Model and Nature as Threat*. New York: Cambridge University Press. Bannister, R. 2010. *Social Darwinism: Science and Myth in Anglo-American Social Thought*. Philadelphia: Temple University Press.

（28） Pearl, R. 1927. "The Biology of Superiority." *American Mercury* 12:257–66. Muller, H. J. 1933. "The Dominance of Economics over Eugenics." *Scientific Monthly* 37:40–47. Allen, G. E. 1983. "The Misuse of Biological Hierarchies: The American Eugenics Movement, 1900–1940." *History and Philosophy of the Life Sciences* 5:105–28. Kevles, D. J. 1985. *In the Name of Eugenics*. Berkeley: University of California Press. Paul, D. B. 1995. *Controlling Human Heredity: 1865 to the Present*. Atlantic Highlands, NJ: Humanities Press International.

（29） ことに物理学者 William Shockley、心理学者 Henry Garrett、そして解剖学者 Wesley Critz George。 Jackson, J. P., Jr. 2005. *Science for Segregation*. New York: NYU Press.

（30） Wilson, E. O. 1975. *Sociobiology: The New Synthesis*. Cambridge, MA: Harvard University Press. 〔エドワード・O・ウィルソン（著）／坂上昭一ほか（訳）『社会生物学』（新思索社、一九九九）〕。 Dawkins, R. 1976. *The Selfish Gene*. New York: Oxford University

Press.〔リチャード・ドーキンス（著）／日高敏隆ほか（訳）『利己的な遺伝子（増補新装版）』（紀伊國屋書店、二〇〇六）〕。Wade, N. 1976. "Sociobiology: Troubled Birth for New Discipline." *Science* 191:1151–55. Segerstråle, U. C. O. 2000. *Defenders of the Truth: The Battle for Science in the Sociobiology Debate and Beyond*. New York: Oxford University Press.〔ウリカ・セーゲルストローレ（著）／垂水雄二（訳）『社会生物学論争史――誰もが真理を擁護していた』１・２（みすず書房、二〇〇五）〕。Perez, M. 2013. "Evolutionary Activism: Stephen Jay Gould, the New Left and Sociobiology." *Endeavour* 37:104–11.

（31） Zevit, Z. 2013. *What Really Happened in the Garden of Eden?* New Haven, CT: Yale University Press.

（32） Hesiod, *Theogony* 520–25.

（33） Kühl, S. 1994. *The Nazi Connection*. New York: Oxford University Press.〔シュテファン・キュール（著）／麻生九美（訳）『ナチ・コネクション――アメリカの優生学とナチ優生思想』（明石書店、一九九九）〕。

（34） Lombardo, P. A. 2008. *Three Generations, No Imbeciles: Eugenics, the Supreme Court, and Buck v. Bell*. Baltimore: Johns Hopkins University Press.

（35） ラフリンは「実際の」博士号を持っていなかったが、その分野では尊敬されていた。彼がひろく遺伝学について書いたものには *Proceedings of the National Academy of Sciences* の６篇の論文も含まれる。

（36） Reverby, S. M. 2012. "Reflections on Apologies and the Studies in Tuskegee and Guatemala." *Ethics & Behavior* 22:493–95.

（37） Skloot, R. 2010. *The Immortal Life of Henrietta Lacks*. New York: Crown.〔レベッカ・スクルート（著）／中里京子（訳）『不死細胞ヒーラ――ヘンリエッタ・ラックスの永遠《とわ》なる人生』（講談社、二〇一一）〕。

（38） Brigham, C. C. 1923. *A Study of American Intelligence*. Princeton, NJ: Princeton University Press. Herrnstein, R., and C. Murray. 1994. *The Bell Curve*. New York: Free Press.

（39） Bolnick, D. A., et al. 2007. "The Science and Business of Genetic Ancestry Testing." *Science* 318:399–400. Nelson, A. 2008. "Bio Science: Genetic Genealogy Testing and the Pursuit of African Ancestry." *Social Studies of Science* 38:759–83. Murray, A. B. V., M. J. Carson, C. A. Morris, and J. Beckwith. 2010. "Illusions of Scientific Legitimacy: Misrepresented Science in the Direct-to-Consumer Genetic-Testing Marketplace." *Trends in Genetics* 26:459–61. Roberts, D. 2011. *Fatal Invention: How Science, Politics, and Big Business Re-Create Race in the Twenty-First Century*. New York: New Press. TallBear, K. 2013. *Native American DNA: Tribal Belonging and the False Promise of Genetic Science*. Minneapolis: University of Minnesota Press. Thomas, M. 2013. "To Claim Someone Has 'Viking Ancestors' Is No Better Than Astrology." *The Guardian UK*, 25 February, http://www.theguardian.com/science/blog/2013/feb/25/viking-ancestors-astrology.

（40） Matthew 6:24; Luke 16:13.

第3章　進化の概念

（1）Darwin, C. 1868. *The Variation of Animals and Plants under Domestication*. London: John Murray, p. 6.〔ダーキン（著）／阿部余四男（訳）『育成動植物の趨異』１・２（岩波文庫、一九三七）〕。
（2）Ogle, W. 1882. *Aristotle: On the Parts of Animals*. London: Kegan Paul, French.
（3）Lachance, J., and S. A. Tishkoff. 2013. "Population Genomics of Human Adaptation." *Annual Review of Ecology, Evolution, and Systematics* 44:123–43.
（4）Dean, G. 1971. *The Poryphyrias*. 2nd ed. Philadelphia: J.B. Lippincott.
（5）Myrianthopoulos, N. C., and S. M. Aronson. 1966. "Population Dynamics of Tay-Sachs Disease I: Reproductive Fitness and Selection." *American Journal of Human Genetics* 18:313–27. Cochran, G., J. Hardy, and H. Harpending. 2005. "Natural History of Ashkenazi Intelligence." *Journal of Biosocial Science* 38:659–93.
（6）Frisch, A., R. Colombo, E. Michaelovsky, M. Karpati, B. Goldman, and L. Peleg. 2004. "Origin and Spread of the 1278insTATC Mutation Causing Tay-Sachs Disease in Ashkenazi Jews: Genetic Drift as a Robust and Parsimonious Hypothesis." *Human Genetics* 114:366–76.
（7）Valles, S. A. 2010. "The Mystery of the Mystery of Common Genetic Diseases." *Biology and Philosophy* 25:183–201.
（8）Bobadilla, J. L., M. Macek, Jr., J. P. Fine, and P. M. Farrell, 2002. "Cystic Fibrosis: A Worldwide Analysis of CFTR Mutations—Correlation with Incidence Data and Application to Screening." *Human Mutation* 19:575–606.
（9）Jacob, F. 1977. "Evolution and Tinkering." *Science* 196:1161–66.
（10）Morgan, T. H. 1913. "Factors and Unit Characters in Mendelian Heredity." *American Naturalist* 47:5–16. Castle, W. E. 1930. "Race Mixture and Physical Disharmonies." *Science* 71:603–6. Gates, R. R. 1934. "The Unit Character in Genetics." *Nature* 133:138.
（11）この緊張は一世紀前にも認められた。Gregory, W. 1917. "Genetics versus Paleontology." *American Naturalist* 51:622–35.
（12）Sarich, V., and A. Wilson. 1967a. "Rates of Albumin Evolution in Primates." *Proceedings of the National Academy of Sciences of the United States of America* 58:142–48. Sarich, V., and A. Wilson. 1967b. "Immunological Time Scale for Hominid Evolution." *Science* 158:1200-1203.
（13）Enard, W., M. Przeworski, S. E. Fisher, C. S. Lai, V. Wiebe, T. Kitano, A. P. Monaco, and S. Pääbo. 2002. "Molecular Evolution of $FOXP_2$, a Gene Involved in Speech and Language." *Nature* 418:869–72. Fisher, S. E., and C. Scharff. 2009. "$FOXP_2$ as a Molecular Window into Speech and Language." *Trends in Genetics* 25:166–77.
（14）Myers, R. H., and D. A. Shafer. 1979. "Hybrid Ape Offspring of a Mating of Gibbon and Siamang." *Science* 205:308–10. Godfrey, L., and J. Marks. 1991. "The Nature and Origins of Primate Species." *Yearbook of Physical Anthropology* 34:39–68.

(15) Hooton, E. A. 1930. "Doubts and Suspicions Concerning Certain Functional Theories of Primate Evolution." *Human Biology* 2:223–49. Washburn, S. L. 1963. "The Study of Race." *American Anthropologist* 65:521–31. Gould, S. J., and R. C. Lewontin. 1979. "The Spandrels of San Marco and the Panglossian Paradigm: A Critique of the Adaptationist Programme." *Proceedings of the Royal Society of London, Series B*, 205:581–98.

(16) Gould, S. J. 1997. "Darwinian Fundamentalism." *New York Review of Books*, 12 June, 34–37.

(17) Dawkins, R. 1976. *The Selfish Gene*. New York: Oxford University Press, p. 19.〔リチャード・ドーキンス（著）／日高敏隆ほか（訳）『利己的な遺伝子（増補新装版）』（紀伊國屋書店、二〇〇六）〕。

(18) Simpson, G. G. 1951. "The Species Concept." *Evolution* 5:285–98. Hausdorf, B. 2011. "Progress toward a General Species Concept." *Evolution* 65:923–31. Sloan, P. R. 2013. "The Species Problem and History." *Studies in History and Philosophy of Biology and Biomedical Science* 44:237–41.

(19) Paterson, H. E. H. 1985. "The Recognition Concept of Species." In *Species and Speciation*, ed. E. S. Vrba. Pretoria: Transvaal Museum, pp. 21–29. Mendelson, T. C., and K. L. Shaw. 2012. "The (Mis)concept of Species Recognition." *Trends in Ecology and Evolution* 27:421–27.

(20) Dobzhansky, T. 1937. *Genetics and the Origin of Species*. New York: Columbia University Press.〔ドブジャンスキー（著）／駒井卓、高橋隆平（訳）『遺伝学と種の起原』（培風館、一九五三）〕。Mayr, E. 1942. *Systematics and the Origin of Species*. New York: Columbia University Press.

(21) Dobzhansky, T., F. Ayala, G. Stebbins, and J. Valentine. 1977. *Evolution*. San Francisco: W.H. Freeman. Mayr, E. 1988. *Toward a New Philosophy of Biology: Observations of an Evolutionist*. Cambridge, MA: Harvard University Press.〔エルンスト・マイア（著）／八杉貞雄、新妻昭夫（訳）『進化論と生物哲学――一進化学者の思索』（東京化学同人、一九九四）〕。

(22) Waddington, C. H. 1938. *An Introduction to Modern Genetics*. London: George Allen and Unwin.

(23) Novikoff, A. 1945. "The Concept of Integrative Levels and Biology." *Science* 101:209–15.

(24) Marks, J. 2005. "Phylogenetic Trees and Evolutionary Forests." *Evolutionary Anthropology* 14:49–53. Marks, J. 2007. "Anthropological Taxonomy as Both Subject and Object: The Consequences of Descent from Darwin and Durkheim." *Anthropology Today* 23:7–12.

(25) Raup, D. M. 1994. "The Role of Extinction in Evolution." *Proceedings of the National Academy of Sciences* 91:6758–63. Gould, S. J. 2003. *The Structure of Evolutionary Theory*. Cambridge, MA: Harvard University Press.

(26) Morris, S. C. 2003. *Life's Solution: Inevitable Humans in a Lonely Universe*. New York: Cambridge University Press.〔サイモン・コンウェイ＝モリス（著）／遠藤一佳、更科功（訳）『進化の運命――孤独な宇宙の必然としての人間』（講談社、二〇一〇）〕。

（27） Simpson, G. G. 1964. “The Nonprevalence of Humanoids.” *Science* 143:769–75.
（28） Eldredge, N., and S. J. Gould. 1972. “Punctuated Equilibria: An Alternative to Phyletic Gradualism.” In *Models in Paleobiology*, ed. T. J. Schopf. San Francisco: W.H. Freeman, pp. 82–115. Gould, S. J., and N. Eldredge. 1977. “Punctuated Equilibria: The Tempo and Mode of Evolution Reconsidered.” *Paleobiology*, 115–51.
（29） Tattersall, I., and N. Eldredge. 1977. “Fact, Theory, and Fantasy in Human Paleontology.” *American Scientist* 65:204–11.
（30） Kottler, M. J. 1974. “From 48 to 46: Cytological Technique, Preconception, and the Counting of Human Chromosomes.” *Bulletin of the History of Medicine* 48:475–502. Martin, A. 2004. “Can't Any Body Count? Counting as an Epistemic Theme in the History of Human Chromosomes.” *Social Studies of Science* 34:923–48. Gartler, S. M. 2006. “The Chromosome Number in Humans: A Brief History.” *Nature Reviews Genetics* 7:655–60.
（31） Landau, M. 1991. *Narratives of Human Evolution*. New Haven, CT: Yale University Press. Sussman, R. W. 1999. “The Myth of Man the Hunter, Man the Killer and the Evolution of Human Morality.” *Zygon* 34:453–71. Stoczkowski, W. 2002. *Explaining Human Origins: Myth, Imagination and Conjecture*. New York: Cambridge University Press. Pyne, L. V., and S. J. Pyne. 2012. *The Last Lost World: Ice Ages, Human Origins, and the Invention of the Pleistocene*. New York: Penguin.
（32） カーク・ダグラス（Kirk Douglas）の以前の名前はイシドア・デムスキー（Ishidore Demsky）、またアシュリー・モンタギューの以前の名前はイスラエル・エーレンバーグ（Israel Ehrenberg）。ピアニストのオルガ・サマロフは、より響きがよく、違ったふうに、異国ふうに聞こえるように改名し、ジャーナリストのヘンリー・モートン・スタンレーは、自分の低い出自を隠すために改名した。
（33） キャンディダ・モスによる親切な指摘によると、どちらの系譜もダヴィデを経由しているが、目指すところはわずかに違っており、マタイの場合にはイエスとアブラハムを結びつけること、他方でルカの場合にはイエスとアダムを結びつけることであった。
（34） http://www.rootsforreal.com/dna_en.php.
（35） Skorecki, K., S. Selig, S. Blazer, R. Bradman, N. Bradman, P. J. Warburton, M. Ismjlowicz, and M. F. Hammer. 1997. “Y Chromosomes of Jewish Priests.” *Nature* 385:32. M. G. Thomas, K. Skorecki, H. Ben-Ami, T. Parfitt, N. Bradman, and D. Goldstein. 1998. “Origins of Old Testament Priests.” Nature 394:138–39. M. G. Thomas, T. Parfitt, D. A. Weiss, K. Skorecki, J. Wilson, M. le Roux, N. Bradman, and D. Goldstein. 2000. “Y Chromosomes Traveling South: The Cohen Modal Haplotype and the Origins of the Lemba—the ‘Black Jews of Southern Africa.’” *American Journal of Human Genetics* 66:674–86. Zoossmann-Diskin, A. 2000. “Are Today's Jewish Priests Descended from the Old Ones?” *Homo* 51:156–62. H. Soodyall. 2013. “Lemba Origins Revisited: Tracing the Ancestry of Y Chromosomes in South African and Zimbabwean Lemba.” *South African Medical Journal* 103:1009–13. Marks, J. 2013. “The Nature/Culture of Genetic Facts.” *Annual Review of Anthropology* 42:247–67.
（36） Nelkin, D., and M. Susan Lindee. 1995. *The DNA Mystique: The Gene as Cultural Icon*. New York: Freeman.〔ドロシー・ネルキ

ン、M・スーザン・リンディー（著）／工藤政司（訳）『DNA伝説――文化のイコンとしての遺伝子』（紀伊國屋書店、一九九七）〕。El-Haj, N. A. 2012. *The Genealogical Science: The Search for Jewish Origins and the Politics of Epistemology*. Chicago: University of Chicago Press. Jobling, M. A. 2012. "The Impact of Recent Events on Human Genetic Diversity." *Philosophical Transactions of the Royal Society B: Biological Sciences* 367:793–99.

（37）Lima, M. 2014. *The Book of Trees*. New York: Princeton Architectural Press.〔マニュエル・リマ（著）／三中信宏（訳）『系統樹大全――知の世界を可視化するインフォグラフィックス』（ビー・エヌ・エヌ新社、二〇一五）〕。

（38）http://hsblogs.stanford.edu/morrison/2011/03/10/human-genomediversity-project-frequently-asked-questions/.

（39）Lordkipanidze, D., M. S. P. de León, A. Margvelashvili, Y. Rak, G. P. Rightmire, A. Vekua, and C. P. Zollikofer. 2013. "A Complete Skull from Dmanisi, Georgia, and the Evolutionary Biology of Early Homo." *Science* 342:326–31.

（40）Hooton, E. A. 1931; 1946. *Up from the Ape*. New York: Macmillan. Weidenreich, F. 1947. "Facts and Speculations Concerning the Origin of *Homo sapiens*." *American Anthropologist* 49:187–203. Hulse, F. S. 1962. "Race as an Evolutionary Episode." *American Anthropologist* 64:929–45. Wolpoff, M. H., and R. Caspari. 1997. *Race and Human Evolution*. New York: Simon and Schuster.

第４章　進化について非還元的に考える方法

（１）Mayr, E. 1959. "Where Are We?" *Cold Spring Harbor Symposium in Quantitative Biology* 24:1–14. Rao, V., and V. Nanjundiah. 2011. "J. B. S. Haldane, Ernst Mayr and the Beanbag Genetics Dispute." *Journal of the History of Biology* 44:233–81.

（２）Lewontin, R. C. 1970. "The Units of Selection." *Annual Review of Ecology and Systematics* 1:1–18. Gould, S. J. 1980. "Is a New and General Theory of Evolution Emerging?" Paleobiology 6:119–30. Eldredge, N. 1985. *Unfinished Synthesis: Biological Hierarchies and Modern Evolutionary Thought*. New York: Oxford University Press.

（３）思いがけない展開だが、『ネイチャー』誌上での進化論をめぐる近年の論争において、保守派の生物学者たちは彼ら自身の規格的な還元主義の防衛のために、逆説的にもワディントンを持ち出している。Laland, K., T. Uller, M. Feldman, K. Sterelny, G. B. Müller, A. Moczek, E. Jablonka, J. Odling-Smee, G. A. Wray, H. E. Hoekstra, D. J. Futuyma, R. E. Lenski, T. F. C. Mackay, D. Schluter, and J. E. Strassmann. 2014. "Does Evolutionary Theory Need a Rethink?" *Nature* 514:161–64.

（４）Waddington, C. H. 1959. "Evolutionary Systems—Animal and Human." *Nature* 183:1634–38.

（５）Waddington, C. H. 1975. *The Evolution of an Evolutionist*. Ithaca, NY: Cornell University Press, p. 5.

（６）Doolittle, W. F. 2013. "Is Junk DNA Bunk? A Critique of ENCODE." *Proceedings of the National Academy of Sciences* 110:5294–5300.

（7） King, J. L., and T. H. Jukes. 1969. "Non-Darwinian Evolution." *Science* 164:788–98.
（8） Lévi-Strauss, C. 1962. *The Savage Mind*. Chicago: University of Chicago Press.〔クロード・レヴィ＝ストロース（著）／大橋保夫（訳）『野生の思考』（みすず書房、一九七六）〕。 Jacob, F. 1977. "Evolution and Tinkering." *Science* 196:1161–66.
（9） Carbone, L., et al. 2014. "Gibbon Genome and the Fast Karyotype Evolution of Small Apes." *Nature* 513:195–201.
（10） Waddington, C. H. 1957. *The Strategy of the Genes*. London: Allen and Unwin.
（11） West-Eberhard, M. J. 2003. *Developmental Plasticity and Evolution*. New York: Oxford University Press.
（12） Waddington, C. H. 1956. "Genetic Assimilation of the Bithorax Phenotype." *Evolution* 10:1–13.
（13） Marks, J. 1989. "Genetic Assimilation in the Evolution of Bipedalism." *Human Evolution* 4:493–99.
（14） Standen, E. M., T. Y. Du, and H. C. E. Larsson. 2014. "Developmental Plasticity and the Origin of Tetrapods." *Nature* 513:54–58.
（15） "[Caliban is] A devil, a born devil, on whose nature / Nurture can never stick, on whom my pains / Humanely taken, all, all lost, quite lost." *The Tempest*, act 4, scene 1.
（16） Jones, L. A. 1923. "Would Direct Evolution." *New York Times*, 2 December.
（17） Koestler, A. 1972. *The Case of the Midwife Toad*. New York: Random House.〔アーサー・ケストラー（著）／石田敏子（訳）『サンバガエルの謎――獲得形質は遺伝するか』（岩波現代文庫、二〇〇二）〕。 Gliboff, S. 2005. "'Protoplasm . . . Is Soft Wax in Our Hands': Paul Kammerer and the Art of Biological Transformation." *Endeavour* 29:162–67. Gliboff, S. 2006. "The Case of Paul Kammerer: Evolution and Experimentation in the Early 20th Century." *Journal of the History of Biology* 39:525–63.
（18） Sinnott, E. W., and L. C. Dunn. 1925. *Principles of Genetics*. New York: McGraw-Hill, p. 406.
（19） James D. Watson, quoted in Jaroff, L. 1989. "The Gene Hunt." *Time*, 20 March, p. 67.
（20） Fuentes, A. 2004. "It's Not All Sex and Violence: Integrated Anthropology and the Role of Cooperation and Social Complexity in Human Evolution." *American Anthropologist* 106:710–18. Laland, K. N., and M. J. O'Brien. 2011. "Cultural Niche Construction: An Introduction." *Biological Theory* 6:191–202. Kendal, J. R. 2011. "Cultural Niche Construction and Human Learning Environments: Investigating Sociocultural Perspectives." *Biological Theory* 6:241–50. Sterelny, K. 2012. *The Evolved Apprentice*. Cambridge, MA: MIT Press.〔キム・ステレルニー（著）／田中泉吏ほか（訳）『進化の弟子――ヒトは学んで人になった』（勁草書房、二〇一三）〕。 Fuentes, A. 2013. "Cooperation, Conflict, and Niche Construction in the Genus *Homo*." In *War, Peace, and Human Nature*, ed. D. Fry. New York: Oxford University Press, pp. 78–94.
（21） Kivell, T. L., J. M. Kibii, S. E. Churchill, P. Schmid, and L. R. Berger. 2011. "*Australopithecus sediba* Hand Demonstrates Mosaic Evolution of Locomotor and Manipulative Abilities." *Science* 333:1411–17.

（22） Wrangham, R. 2009. *Catching Fire*. Cambridge, MA: Harvard University Press.〔リチャード・ランガム（著）／依田卓巳（訳）『火の賜物——ヒトは料理で進化した』（NTT出版、二〇一〇）〕。Burton, F. D. 2011. *Fire: The Spark That Ignited Human Evolution*. Albuquerque: University of New Mexico Press.

（23） Horan, R. D., E. Bulte, and J. F. Shogren. 2005. "How Trade Saved Humanity from Biological Exclusion: An Economic Theory of Neanderthal Extinction." *Journal of Economic Behavior & Organization* 58:1–29. Oka, R., and A. Fuentes. 2010. "From Reciprocity to Trade: How Cooperative Infrastructures Form the Basis of Human Socioeconomic Evolution." In *Cooperation in Economy and Society*, ed. R. Marshall. Lanham, MD: AltaMira Press, pp. 3–27.

（24） Graeber, D. 2011. *Debt: The First 5,000 Years*. New York: Melville House.

（25） Kropotkin, P. 1916. *Mutual Aid*. New York: Knopf.〔ピョートル・クロポトキン（著）／大杉栄（訳）『増補修訂版 相互扶助論』（同時代社、二〇一二）〕。

（26） Giacobini, G 2007. "Richness and Diversity of Burial Rituals in the Upper Paleolithic." *Diogenes* 54:19–39.

（27） Kluckhohn, C. 1949. *Mirror for Man*. New York: McGraw-Hill, p. 17.

（28） Modified from the discussion in Hauser, M. D. 2009. "The Possibility of Impossible Cultures." *Nature* 460:190–96.

（29） Suddendorf, T. 2013. The Gap: *The Science of What Separates Us from Other Animals*. New York: Basic Books.〔トーマス・ズデンドルフ（著）／寺町朋子（訳）『現実を生きるサル空想を語るヒト——人間と動物をへだてる、たった2つの違い』（白揚社、二〇一五）〕。いくつかの家畜は人間の合図に応答するよう飼育され、その結果として、指示を認識することができる。

（30） 「〈マキャベリ的知性〉の理論が意味していることは、人間の互いを騙す能力がますます洗練されて、ついに我々が「シンボル（記号）的文化」と呼ぶ全く新奇なレベルの表現活動にまで達したということである」。Knight, C., R. Dunbar, and C. Power 1999. "An Evolutionary Approach to Human Culture." In *The Evolution of Culture*, ed. R. Dunbar, C. Knight, and C. Power. New York: Routledge, p. 6.

（31） Hobbes, T. 1651. *Leviathan or The Matter, Forme and Power of a Common Wealth Ecclesiasticall and Civil*.〔ホッブズ（著）／水田洋（訳）『リヴァイアサン』1〜4（岩波文庫、一九九二）〕。Vico, G. 1725. *Principi di scienza nuova d'intorno alla comune natura delle nazioni*.〔ジャンバッティスタ・ヴィーコ（著）／上村忠男（訳）『新しい学』1〜3（法政大学出版局、二〇〇七－二〇〇八）〕。

（32） Arcadi, A. C. 2000. "Vocal Responsiveness in Male Wild Chimpanzees: Implications for the Evolution of Language." *Journal of Human Evolution* 39:205–23.

（33） Leach, E. R. 1958. "Magical Hair." *Journal of the Anthropological Institute of Great Britain and Ireland* 88:147–64. Hallpike, C. R. 1969. "Social Hair." *Man* 4:256–64. Berman, J. C. 1999. "Bad Hair Days in the Paleolithic: Modern (Re)Constructions of the Cave Man." *American Anthropologist* 101:288–304.

（34） Childe, V. G. 1936. *Man Makes Himself*. London: Watts.〔ゴールドン・チャイルド（著）／禰津正志（訳）『文明の起源』上・下（岩波新書、一九五一）〕。 White, L. A. 1959. *The Evolution of Culture*. New York: McGraw-Hill.

（35） Sterelny, K. 2001. *Dawkins vs. Gould: Survival of the Fittest*. Cambridge: Icon Books/Totem Books. Gould, S. J. 2003. *The Structure of Evolutionary Theory*. Cambridge, MA: Harvard University Press. Pigliucci, M. 2009. "An Extended Synthesis for Evolutionary Biology." *Annals of the New York Academy of Sciences* 1168:218–28.

（36） Simpson, G. G. 1953. *The Major Features of Evolution*. New York: Columbia University Press.

（37） 一個のゲノムでは、有害な劣性突然変異が半数体の生物で必ず発現してしまうだろうから、うまく働かないだろう。しかしこれは、三つのゲノムが同時に働かない理由を説明していない。

（38） Ayala, F. J. 2010. "The Difference of Being Human: Morality." *Proceedings of the National Academy of Sciences, USA*, 107:9020; emphasis in original.

第5章　我々の祖先は類人猿性の境界をどうやって越えたか

（1） "Les Anglois ne sont pas réduits comme nous à un seul nom pour désigner les singes; ils ont, comme les Grecs, deux noms différens, l'un pour les singes sans queue qu'ils appellent ape, et l'autre pour les singes à queue qu'ils appellent monkie." Comte de Buffon. 1749. *Histoire naturelle, générale et particulière*. Vol. 14. Paris: Imprimerie Royale, pp. 66–67.

（2） Van Wyhe, J. 2005. "The Descent of Words: Evolutionary Thinking 1780–1880." *Endeavour* 29:94–100.

（3） Huxley, T. H. 1863. *Evidence as to Man's Place in Nature*. New York: D. Appleton, p. 130.〔T・ハックスリー（著）／八杉龍一、小野寺好之（訳）『自然に於ける人間の位置』（日本評論社、一九四九）〕。

（4） Simpson, G. G. 1949. *The Meaning of Evolution*. New Haven, CT: Yale University Press, p. 283.

（5） Morris, D. 1967. *The Naked Ape*. New York: McGraw-Hill.〔デズモンド・モリス（著）／日高敏隆（訳）『裸のサル――動物学的人間像（改版）』（角川文庫、一九九九）〕。 Diamond, J. 1992. *The Third Chimpanzee*. New York: HarperCollins.〔J・ダイアモンド（著）／長谷川真理子、長谷川寿一（訳）『人間はどこまでチンパンジーか？――人類進化の栄光と翳り』（新曜社、一九九三）〕。 Coyne, J. 2010. *Why Evolution Is True*. New York: Viking.〔ジェリー・A・コイン（著）／塩原通緒（訳）『進化のなぜを解明する』（日経BP社、二〇一〇）〕。

（6） Goodman, M. 1963. "Man's Place in the Phylogeny of the Primates as Reflected in Serum Proteins." In *Classification and Human Evolution*, ed. S. L. Washburn. Chicago: Aldine, pp. 204–34. Sommer, M. 2008. "History in the Gene: Negotiations between Molecular and Organismal Anthropology." *Journal of the History of Biology* 41:473–528. Hagen, J. B. 2009. "Descended from Darwin? George

Gaylord Simpson, Morris Goodman, and Primate Systematics." In *Descended from Darwin: Insights into the History of Evolutionary Studies, 1900–1970*, ed. J. Cain and M. Ruse. Philadelphia: American Philosophical Society, pp. 93–109. Marks, J. 2009. "What Is the Viewpoint of Hemoglobin, and Does It Matter?" *History and Philosophy of the Life Sciences* 31:239–60.

（７） Marks, J. 2002. *What It Means to Be 98% Chimpanzee*. Berkeley: University of California Press.〔ジョナサン・マークス（著）／長野敬、赤松眞紀（訳）『98％チンパンジー――分子人類学から見た現代遺伝学』（青土社、二〇〇四）〕。

（８） Shubin, N. 2009. *Your Inner Fish: A Journey into the 3.5-Billion-Year History of the Human Body*. New York: Vintage.〔ニール・シュービン（著）／垂水雄二（訳）『ヒトのなかの魚、魚のなかのヒト――最新科学が明らかにする人体進化35億年の旅』（ハヤカワ文庫、二〇一三）〕。

（９） Wildman, D. E., M. Uddin, G. Liu, L. I. Grossman, and M. Goodman. 2003. "Implications of Natural Selection in Shaping 99.4% Nonsynonymous DNA Identity between Humans and Chimpanzees: Enlarging Genus *Homo*." *Proceedings of the National Academy of Sciences, USA*, 100:7181–88.

（10） Cuvier, G. 1817. *Le regne animal distribué d'après son organisation, pour servir de base à l' histoire naturelle des animaux*. Paris: Deterville.

（11） Gregory, W. K. 1910. "The Orders of Mammals." *Bulletin of the American Museum of Natural History* 27. Simpson, G. G. 1945. "The Principles of Classification and a Classification of Mammals." *Bulletin of the American Museum of Natural History* 85.

（12） Groves, C. 2001. *Primate Taxonomy*. Washington, DC: Smithsonian Institution Press.

（13） Sawyer, G., and V. Deak. 2007. *The Last Human: A Guide to Twenty-Two Species of Extinct Humans*. New Haven, CT: Yale University Press. White, T. D. 2008. Review of *The Last Human: A Guide to Twenty-Two Species of Extinct Humans*, by G. J. Sawyer and Viktor Deak. *Quarterly Review of Biology* 83:105–6.

（14） Rylands, A. B., and R. A. Mittermeier. 2014. "Primate Taxonomy: Species and Conservation." *Evolutionary Anthropology* 23:8–10.

（15） Simpson 1945, 188.

（16） Langdon, J. H. 2005. *The Human Strategy: An Evolutionary Perspective on Human Anatomy*. New York: Oxford University Press.

（17） Zipfel, B., J. M. DeSilva, R. S. Kidd, K. J. Carlson, S. E. Churchill, and L. R. Berger. 2011. "The Foot and Ankle of *Australopithecus sediba*." *Science* 333:1417–20. Haile-Selassie, Y., B. Z. Saylor, A. Deino, N. E. Levin, M. Alene, and B. M. Latimer. 2012. "A New Hominin Foot from Ethiopia Shows Multiple Pliocene Bipedal Adaptations." *Nature* 483:565–69.

（18） Bramble, D. M., and D. E. Lieberman. 2004. "Endurance Running and the Evolution of *Homo*." *Nature* 432:345–52.

（19） 連続性は、アウストラロピテクスと指定されている南アフリカの頭蓋標本、特にスタークフォンテインからのSTS-5およびマラパからの MH-1 を、ドリモレンからの DNH-7 のような南アフリカのパラントロプス、そしてスタークフォンテインからの Stw-53 およびケニヤからの ER-1813 のような初期のホモ属と比較することによって、認められる。

（20） Antón, S. C., R. Potts, and L. C. Aiello. 2014. "Evolution of Early *Homo*: An Integrated Biological Perspective." *Science* 345:45.

（21） ジェームス・ヴァンダーカムが親切に教えてくれたところでは、非＝正典のジュビリー（聖年祭）の書（三：二七）では、神への奉納として何かの香を焚いているアダムというのがあって、これはたぶん最初の人間が考えたものだろうという。

（22） Combe, G. 1854. *Lectures on Phrenology*. 3rd ed. New York: Fowlers and Wells. Davies, J. D. 1955. *Phrenology, Fad and Science: A 19th-Century American Crusade*. New Haven, CT: Yale University Press.

（23） いまだにこれを主張する少数の心理学者がいる。しかし実際のところ、IQの脳の大きさへの関連は、脳の大きさの身体の大きさへの関連よりはるかに小さい。他言すれば、大きな人は大きな脳を持つ傾向にある。もし脳のサイズが知性の主要な決定要因であることが真ならば、地球上で最も賢い人々はフットボールのラインマンになるだろう。

（24） Gould, S. J. 1981. *The Mismeasure of Man*. New York: W.W. Norton.〔スティーヴン・J・グールド（著）／鈴木善次、森脇靖子（訳）『人間の測りまちがい――差別の科学史』上・下（河出文庫、二〇〇八）〕。

（25） Boas, F. 1912. "Changes in the Bodily Form of Descendants of Immigrants." *American Anthropologist* 14:530–62.

（26） Hrdlička, A. 1901. "An Eskimo Brain." *American Anthropologist* 3:454–500. これは、彼についてフランツ・ボアズがロバート・パーリーに北極からニューヨークにやってきたと確信させた「ニューヨークのエスキモー」の一人、キスクの脳であった。キスクの息子を除く全員は数か月以内に死んだ。私はこれを *Why I Am Not a Scientist* の第８章で論じた。

（27） Marks, J. 2010. "The Two 20th Century Crises of Racial Anthropology." In *Histories of American Physical Anthropology in the Twentieth Century*, ed. M. A. Little, and K. A. R. Kennedy. Lanham, MD: Lexington Books, pp. 187–206.

（28） Washburn, S. L. 1951. "The New Physical Anthropology." *Transactions of the New York Academy of Sciences, Series II*, 13:298–304.

（29） Bonogofsky, M. 2011. *The Bioarchaeology of the Human Head: Decapitation, Decoration, and Deformation*. Gainesville: University Press of Florida.

（30） Krogman, W. M. 1951. "The Scars of Human Evolution." *Scientific American* 185 (December): 54–57.

（31） Deacon, T. 1997. *The Symbolic Species*. New York: Norton.〔テレンス・W・ディーコン（著）／金子隆芳（訳）『ヒトはいかにして人となったか――言語と脳の共進化』（新曜社、一九九九）〕。

（32） http://atlantablackstar.com/2012/10/29/dominican-republiccontinues-racist-treatment-of-haitians-75-years-after-massacre/. さらに最近のストーリーではレバノンの市民軍は、レバノン人とパレスチナ人の間での「トマト tomato」に対するアラビア語の発音の違いを突き止めていたとしている。 http://thenewinquiry.com/blogs/southsouth/pronunciation-as-deathsentence/.

（33）　他の人が周囲にいないとあまり成功しない他の解剖学的な特徴もある。たとえば赤ん坊を産道で回転させて、類人猿の赤ん坊の場合とは違う顔の向かわせ方にすることなどである。Trevathan, W. 1987. *Human Birth: An Evolutionary Perspective*. Piscataway, NJ: Aldine Transaction. Rosenberg, K. R. 1992. "The Evolution of Modern Human Childbirth." *Yearbook of Physical Anthropology* 35:89–124. Trevathan, W., and K. R. Rosenberg. 2000. "The Shoulders Follow the Head: Postcranial Constraints on Human Childbirth." *Journal of Human Evolution* 39:583–86.

（34）　Maclarnon, A., and G. Hewitt. 2004. "Increased Breathing Control: Another Factor in the Evolution of Human Language." *Evolutionary Anthropology* 13:181–97.

（35）　Sapir, E. 1921. *Language: An Introduction to the Study of Speech*. New York: Harcourt, Brace.〔エドワード・サピア（著）／安藤貞雄（訳）『言語――ことばの研究序説』（岩波文庫、一九九八）〕。

第6章　生＝文化的権力としての人類の進化

（1）　Westermarck, E. 1906. *The Origin and Development of the Moral Ideas*. London: Macmillan. Gayon, J. 2006. "Are There Metaphysical Implications of Darwinian Evolutionary Biology?" In *Darwinism and Philosophy*, ed. Vittorio Hösle and Christian Illies. Notre Dame, IN: University of Notre Dame Press, pp. 181–95.

（2）　この陳述の真実さは字面通り literal というのではなく学問的に literary というべきで、というのも他の生物種が実際には何を考えているのか知ることができないことと関連する認識論的な問題があるからだ。この問題は多くの熱を生み出す。一部の生物学を詳知する神学者は、霊長類の系統発生学という文脈のもとでの倫理的問題と関わり始めた。セリア・ディーン＝ドラモンドは、類人猿もたとえば人間のように完全に倫理的な主体であると主張する人々と、人間は文字通り完全に異なっていると主張する人々の間に「間倫理性」という中間地点を見定めることを探求し始めている。Deane-Drummond, C. 2014. *The Wisdom of the Liminal: Human Nature, Evolution, and Other Animals*. Grand Rapids, MI: Eerdmans. 同様にまた、ウェンツェル・ファン・ハイスティーンは次の著書で、ダーウィン以後の世界の中での人間存在の意味を探っている。van Huyssteen, J. W. 2006. *Alone in the World? Human Uniqueness in Science and Theology*. Grand Rapids, MI: Eerdmans. 以下も参照。Peters, K. E. 2007. "Toward an Evolutionary Christian Theology." *Zygon* 42:49–64; and McGrath, A. 2011. *Darwinism and the Divine*. New York: Wiley-Blackwell.

（3）　呪いはまた伝統的に、たしかに人間の状況の一部である苦しみに満ちた出産も含むと受け取られてきたけれども、イヴへの呪いは、むしろ子を産むこと自体に対して彼女が持つ責任に関するものだろう。以下を参照。Meyers, C. 2013. *Rediscovering Eve: Ancient Israelite Women in Context*. New York: Oxford University Press; Baden, J., and C. R. Moss. 2015. *Reconceiving Infertility*. Princeton, NJ: Princeton University Press.

（4） 創世記二は「主たる神」が人を作る事について、創世記三は「神」が規則に支配された行いを人間の生活に取り入れる事についての話である。もう一つ、よく普及しているこの話の理解の仕方は、聖アウグスティヌスに従って物語の中にサタンと原罪を取り入れることだが、それは字面通りの読解ではなく、それゆえその話が実際には何を言っているのかという議論と密接な関係はない。

（5） これはもちろん、ユダヤ人のハムの禁止の起源では「ない」。それはレヴィ記一一：七に出ている。悪魔が私にそれを言わせたのである。〔レヴィ記一一では各種の獣の食用禁止が順序不同で雑然と並ぶ中、一一：七では豚は「蹄が分かれ完全に切れているけれども反芻しないから、あなたがたには汚れたものであり、食べてはならない」という。ただ、ここの註記の「ハム」は小文字の普通名詞であること、起源では「ない」という記述がわざわざ強調（イタリック）にしてあること、直後に「悪魔が言わせた」と追加してあることと併せて、著者が註に紛れ込ませてジョークを言っているのだろうかと、訳者としては受け取りたい。〕

（6） タルムードでは、ハムはノアを男色した、あるいはあまつさえ去勢したとさえ示唆する。バビロニアのタルムード・サンヘドリン70a。古代の中東では、ただ他人の生殖器を見ることが彼らを強姦することに近いものに相当したし、父を視覚的に強姦することは、両親への考え得る限りの不敬の徴であっただろう。その本文はとても奇妙なので、創世記九：二四ではその犯罪は、最も若い息子であり、自分の息子が自分のせいで呪われることになるハムによって犯されたと特定する。しかし創世記六：一〇と七：一三はヤペテが最も若いと仄めかす。「オリジナルの」ストーリーが何を言っていたとしても、これらの青銅時代の羊飼いたちは明らかに実際に家父長制度に入って行き、カナン人を嫌っていた。Goldenberg, D. 2005. "What Did Ham Do to Noah?" In *"The Words of a Wise Man's Mouth Are Gracious," QOH 10,12: Festschrift for Günter Stemberger on the Occasion of His 65th Birthday*, ed. M. Perani. Berlin: Walter de Gruyter, pp. 257–65. Driver, S. R. 1916. *The Book of Genesis*. 10th ed. London: Methuen.

（7） 他のライバルであるエドム人は、表面上はエサウから由来している。エサウはある日、本当にとてつもなく飢えていたので、弟イスラエルの土地への彼の要求を自発的に放棄した。

（8） Kuper, A. 2002. "Incest, Cousin Marriage, and the Origin of the Human Sciences in Nineteenth-Century England." *Present and Past* 174:158–83. Bittles, A. H., and M. L. Black. 2010. "Consanguineous Marriage and Human Evolution." *Annual Review of Anthropology* 39:193–207.

（9） http://celebritybabies.people.com/2012/03/23/mad-men-januaryjones-placenta-capsules-not-witch-crafty/.

（10） 最も有名な例はニューギニアに見られる脳の病変で、クールーと呼ばれる病気の伝染を助長することが知られたもので、プリオンの発見につながった。Lindenbaum, S. 2001. "Kuru, Prions, and Human Affairs: Thinking about Epidemics." *Annual Review of Anthropology* 30:363–85. Anderson, W. 2008. *The Collectors of Lost Souls: Turning Kuru Scientists into Whitemen*. Baltimore: Johns Hopkins University Press.

（11） Iliad, book 22.

（12） 非＝飢餓的状況下での食人は、民族誌で学術的によく報告されていることで、同様に強力にシンボリック〔象徴的〕である。それは一般には特別な状況——例えば戦争、服喪、あるいは病気——と結びついており、一般的に、通常の食物消費と違って、魔術的なものに満たされている。その結果として一七世紀の「死体医学」に携わった人たちは、彼らの食人的な扱いを食人から区別することでかなりの修辞的な苦労を重ねた。Conklin, B. 2001. *Consuming Grief: Compassionate Cannibalism in an Amazonian Society*. Austin: University of Texas Press. Sugg, R. 2011. *Mummies, Cannibals, and Vampires: The History of Corpse Medicine from the Renaissance to the Victorians*. New York: Routledge.

（13） Leviticus 20:11–21.

（14） Arens, W. 1986. *The Original Sin: Incest and Its Meaning*. New York: Oxford University Press. Spain, D. H. 1987. "The Westermarck-Freud Incest-Theory Debate: An Evaluation and Reformulation." *Current Anthropology* 28:623–45.

（15） Wolf, A. P. 1966. "Childhood Association, Sexual Attraction, and the Incest Taboo: A Chinese Case." *American Anthropologist* 68:883–98. Shepher, J. 1971. "Mate Selection among Second Generation Kibbutz Adolescents and Adults: Incest Avoidance and Negative Imprinting." *Archives of Sexual Behavior* 1:293–307. Leavitt, G. C. 1990. "Sociobiological Explanations of Incest Avoidance: A Critical Review of Evidential Claims." *American Anthropologist* 92:971–93. Shor, E., and D. Simchai. 2009. "Incest Avoidance, the Incest Taboo, and Social Cohesion: Revisiting Westermarck and the Case of the Israeli Kibbutzim." *American Journal of Sociology* 114:1803–42.

（16） White, L. A. 1948. "The Definition and Prohibition of Incest." *American Anthropologist* 50:416–35. Parker, S. 1976. "The Precultural Basis of the Incest Taboo: Toward a Biosocial Theory." *American Anthropologist* 78:285–305.

（17） Hopkins, K. 1980. "Brother-Sister Marriage in Roman Egypt." *Comparative Studies in Society and History* 22:303–54. Shaw, B. D. 1992. "Explaining Incest: Brother-Sister Marriage in Graeco-Roman Egypt." *Man* 27:267–99. Parker, S. 1996. "Full Brother-Sister Marriage in Roman Egypt: Another Look." *Cultural Anthropology* 11:362–76.

（18） Strier, K. 2004. "Sociality among Kin and Nonkin in Nonhuman Primate Groups." In *The Origins and Nature of Sociality*, ed. R W. Sussman and A. R. Chapman. New York: Aldine/Transaction, pp. 191–214. Chapais, B. 2008. *Primeval Kinship*. Cambridge, MA: Harvard University Press.

（19） Bogin, B. 1988. *Patterns of Human Growth*. New York: Cambridge University Press.

（20） Diamond, J. 1992. *The Third Chimpanzee*. New York: HarperCollins.〔J・ダイアモンド（著）／長谷川真理子、長谷川寿一（訳）『人間はどこまでチンパンジーか？——人類進化の栄光と翳り』（新曜社、一九九三）〕。Klein, R. 2009. *The Human Career*. 3rd ed. Chicago: University of Chicago Press.

（21） McBrearty, S., and A. S. Brooks. 2000. "The Revolution That Wasn't: A New Interpretation of the Origin of Modern Human Behavior." *Journal of Human Evolution* 39:453–563. Gamble, C. S. 2007. *Origins and Revolutions: Human Identity in Earliest Prehistory*. New York: Cambridge University Press. Shea, J. J. 2011. "*Homo sapiens Is as Homo sapiens* Was: Behavioral Variability versus

'Behavioral Modernity' in Paleolithic Archaeology." *Current Anthropology* 52:1–35. Caspari, R., and M. Wolpoff. 2013. "The Process of Modern Human Origins: The Evolutionary and Demographic Changes Giving Rise to Modern Humans." In *The Origins of Modern Humans: Biology Reconsidered*, ed. F. H. Smith and C. M. Ahern. New York: John Wiley & Sons.

(22) Lévi-Strauss, C. 1969. *The Elementary Structures of Kinship*. Boston: Beacon Press, p. 24.〔クロード・レヴィ＝ストロース（著）／福井和美（訳）『親族の基本構造』（青弓社、二〇〇一）など〕。

(23) Aberle, D. F., U. Bronfenbrenner, E. H. Hess, D. R. Miller, D. M. Schneider, et al. 1963. "The Incest Taboo and the Mating Patterns of Animals." *American Anthropologist* 65:253–65.

(24) Pickering, T. R. 2013. *Rough and Tumble: Aggression, Hunting, and Human Evolution*. Berkeley: University of California Press.

(25) Seligman, B. Z. 1950. "The Problem of Incest and Exogamy: A Restatement." *American Anthropologist* 52:305–16. Barnard, A. 2011. *Social Anthropology and Human Evolution*. New York: Cambridge University Press.

(26) Hrdy, S. B. 1999. *The Woman That Never Evolved*. Cambridge, MA: Harvard University Press.〔サラ・ブラッファー・フルディ（著）／加藤泰建、松本亮三（訳）『女性の進化論』（思索社、一九八九）〕。Hrdy, S. B. 1999. *Mother Nature: Maternal Instincts and How They Shape the Human Species*. New York: Pantheon. Hrdy, S. B. 2009. *Mothers and Others: The Evolutionary Origins of Mutual Understanding*. Cambridge, MA: Harvard University Press.

(27) Gettler, L. T. 2010. "Direct Male Care and Hominin Evolution: Why Male-Child Interaction Is More Than a Nice Social Idea." *American Anthropologist* 112:7–21. Gray, P. B., and K. G. Anderson. 2010. *Fatherhood: Evolution and Human Paternal Behavior*. Cambridge, MA: Harvard University Press. Gettler, L. T., T. W. McDade, A. B. Feranil, and C. W. Kuzawa. 2011. "Longitudinal Evidence That Fatherhood Decreases Testosterone in Human Males." *Proceedings of the National Academy of Sciences, USA*, 108:16194–99.

(28) Fortes, M. 1983. *Rules and the Emergence of Society*. Occasional Paper 39, Royal Anthropological Institute of Great Britain and Ireland.

(29) Coontz, S. 2005. *Marriage, a History: From Obedience to Intimacy, or How Love Conquered Marriage*. New York: Viking.

(30) Eagly, A. H., and W. Wood. 1999. "The Origins of Sex Differences in Human Behavior: Evolved Dispositions versus Social Roles." *American Psychologist* 54:408–23.

(31) Geary, D. C., J. Vigil, and J. Byrd-Craven. 2004. "Evolution of Human Mate Choice." *Journal of Sex Research* 41:27–42; Schmitt, D. P. 2010. "Human Mate Choice." In *Human Evolutionary Biology*, ed. M. Muehlenbein. New York: Cambridge University Press, pp. 295–308. Kirshenbaum, S. 2011. *The Science of Kissing: What Our Lips Are Telling Us*. New York: Hachette.〔シェリル・カーシェンバウム（著）／沼尻由起子（訳）『なぜ人はキスをするのか？』（河出書房新社、二〇一一）〕。

（32） Fuentes, A. 2012. *Race, Monogamy, and Other Lies They Told You: Busting Myths about Human Nature*. Berkeley: University of California Press.

（33） Rose, H., and S. Rose, eds. 2000. *Alas Poor Darwin*. London: Jonathan Cape. Henrich. J., S. J. Heine, and A. Norenzayan. 2010. “Most People Are Not WEIRD.” *Nature* 466:29. Bolhuis, J. J., G. R. Brown, R. C. Richardson, and K. N. Laland. 2011. “Darwin in Mind: New Opportunities for Evolutionary Psychology.” *PLoS Biol* 9: e1001109.

（34） Campbell, C. J. 2007. “Primate Sexuality and Reproduction.” In *Primates in Perspective,* ed. C. J. Campbell, A. Fuentes, and K. C. MacKinnon. New York: Oxford University Press, pp. 423–37. Martin, R. D. 2013. *How We Do It: The Evolution and Future of Human Reproduction*. New York: Basic Books.〔ロバート・マーティン（著）／森内薫（訳）『愛が実を結ぶとき——女と男と新たな命の進化生物学』（岩波書店、二〇一五）〕。

（35） Berra, T. M., G. Alvarez, and F. C. Ceballos. 2010. “Was the Darwin/Wedgwood Dynasty Adversely Affected by Consanguinity?” *Bio-Science* 60:376–83.

（36） Caspari, R., and S.-H. Lee. 2004. “Older Age Becomes Common Late in Human Evolution.” *Proceedings of the National Academy of Sciences, USA*, 101:10895–900.

（37） Hill, K., and A. M. Hurtado. 2012. “Social Science: Human Reproductive Assistance.” *Nature* 483:160–61. そしてまた、理論化が不足ではあるが、祖父 grandpa もまた立場の説明が求められよう。

（38） Frazer, J. G. 1900. *The Golden Bough*. Vol. 1. 2nd ed. London: Macmillan, p. 288.〔ジェイムズ・ジョージ・フレイザー（著）／吉川信（訳）『初版 金枝篇』上・下（ちくま学芸文庫、二〇〇三）など〕。

（39） De Waal, F. 2013. *The Bonobo and the Atheist: In Search of Humanism among the Primates*. New York: W.W. Norton.〔フランス・ドゥ・ヴァール（著）／柴田裕之（訳）『道徳性の起源——ボノボが教えてくれること』（紀伊國屋書店、二〇一四）〕。

（40） Durkheim, E. 1915. *The Elementary Forms of the Religious Life*. London: George Allen and Unwin. Geertz, C. 1966. “Religion as a Cultural System.” In *Anthropological Approaches to the Study of Religion*, ed. Michael P. Banton. London: Tavistock, pp. 1–46.

（41） Malinowski, B. 1935. *Coral Gardens and Their Magic*. London: Allen and Unwin. Radin, P. 1937. “Economic Factors in Primitive Religion.” *Science & Society* 1:310–25. King, B. J. 2007. *Evolving God: A Provocative View on the Origins of Religion*. New York: Random House.

（42） Goodenough, U., and T. W. Deacon. 2003. “From Biology to Consciousness to Morality.” *Zygon* 38:801–19. Deacon, T., and T. Cashman. 2009. “The Role of Symbolic Capacity in the Origins of Religion.” *Journal for the Study of Religion, Nature and Culture*, 3:490–517. Wilson, D. S. 2010. *Darwin's Cathedral: Evolution, Religion, and the Nature Of Society*. Chicago: University of Chicago Press. Boehm, C. 2012. *Moral Origins: The Evolution of Virtue, Altruism, and Shame*. New York: Basic Books.〔クリストファー・ボーム

（著）／斉藤隆央（訳）『モラルの起源――道徳、良心、利他行動はどのように進化したのか』（白揚社、二〇一四）」。

第7章　人間の性質／文化

（1）　Powell, A., S. Shennan, and M. G. Thomas. 2009. “Late Pleistocene Demography and the Appearance of Modern Human Behavior.” *Science* 324:1298–1301.

（2）　新しい血縁関係のパターンの進化は以下を参照。Flannery, K., and J. Marcus. 2013. *The Creation of Inequality: How Our Prehistoric Ancestors Set the Stage for Monarchy, Slavery, and Empire*. Cambridge, MA: Harvard University Press. 友愛関係の進化については以下を参照。Terrell, J. 2014. *A Talent for Friendship: Rediscovery of a Remarkable Trait*. New York: Oxford University Press.

（3）　Linnaeus, C. 1758. *Systema Naturae*. 10th ed. Stockholm: Laurentii salvii [Lars Salvius].

（4）　Ripley, W. Z. 1899. *The Races of Europe*. New York: D. Appleton. Seligman, C. G. 1930. *The Races of Africa*. Oxford: Oxford University Press. Coon, C. S. 1939. *The Races of Europe*. Cambridge, MA: Harvard University Press.

（5）　Huxley, J. 1931. *Africa View*. London: Chatto and Windus.

（6）　Brattain, M. 2007. “Race, Racism, and Antiracism: UNESCO and the Politics of Presenting Science to the Postwar Public.” *American Historical Review* 112:1386–1413. Muller-Wille, S. 2007. “Race et appurtenance ethnique: La diversité humaine et l’UNESCO Déclarations sur la race 1950 et 1951.” In *60 Ans d’histoire de l’UNESCO, Actes du Colloque International, Paris, 16–18 Novembre 2005*. Paris: UNESCO, pp. 211–20. Selcer, P. 2012. “Beyond the Cephalic Index.” *Current Anthropology* 53S5:S173-S184.

（7）　Weiner, J. S. 1957. “Physical Anthropology—An Appraisal.” *American Scientist* 45:75–79.

（8）　Lewontin, R. C. 1972. “The Apportionment of Human Diversity.” *Evolutionary Biology* 6:381–98. Templeton, A. R. 1998. “Human Races: A Genetic and Evolutionary Perspective.” *American Anthropologist* 100:632–50. Madrigal, L., and G. Barbujani. 2007. “Partitioning of Genetic Variation in Human Populations and the Concept of Race.” In *Anthropological Genetics: Theory, Methods and Applications*, ed. M. H. Crawford. New York: Cambridge University Press, pp. 19–37. Long, J. C., and R. A. Kittles. 2009. “Human Genetic Diversity and the Nonexistence of Biological Races.” *Human Biology* 81:777–98.

（9）　Montagu, A. 1942. *Man’s Most Dangerous Myth: The Fallacy of Race*. New York: Columbia University Press. Marks, J. 1995. *Human Biodiversity: Genes, Race, and History*. Piscataway, NJ: Aldine/Transaction. Tattersall, I., and R. DeSalle. 2011. *Race? Debunking a Scientific Myth*. College Station: Texas A&M University Press. Sussman, R. W. 2014. *The Myth of Race: The Troubling Persistence of an Unscientific Idea*. Cambridge, MA: Harvard University Press.

（10）　Krieger, N. 2005. “Embodiment: A Conceptual Glossary for Epidemiology.” *Journal of Epidemiology and Community Health*

59:350–55. Duster, T. 2007. "Medicalisation of Race." *Lancet* 369:702–4. Gravlee, C. C. 2009. "How Race Becomes Biology: Embodiment of Social Inequality." *American Journal of Physical Anthropology* 139:47–57.

（11） Hirszfeld, L., and H. Hirszfeld. 1919. "Serological Differences between the Blood of Different Races." *The Lancet* 2 (18 October): 675–79.

（12） Snyder, L. H. 1926. "Human Blood Groups: Their Inheritance and Racial Significance." *American Journal of Physical Anthropology* 9:233–63. Boyd, W. C. 1963. "Genetics and the Human Race." Science 140:1057–65. Marks, J. 1996. "The Legacy of Serological Studies in American Physical Anthropology." *History and Philosophy of the Life Sciences* 18:345–62.

（13） Rosenberg, N. A, J. K. Pritchard, J. L. Weber, H. M. Cann, K. K. Kidd, L. A. Zhivotovsky, and M. W. Feldman. 2002. "Genetic Structure of Human Populations." *Science* 298:2181–85. Bolnick, D. A. 2008. "Individual Ancestry Inference and the Reification of Race as a Biological Phenomenon." In *Revisiting Race in a Genomic Age,* ed. B. A. Koenig, S. S.-J. Lee, and S. Richardson. Piscataway, NJ: Rutgers University Press, pp. 70–85.

（14） Proctor, R. N. 2003. "Three Roots of Human Recency: Molecular Anthropology, the Refigured Acheulean, and the UNESCO Response to Auschwitz." *Current Anthropology* 44:213–39.

（15） Wolpoff, M., and R. Caspari. 2000. "The Many Species of Humanity." *Anthropological Review* 63:1–17.

（16） この節の中のいくつかの材料は、*Aeon Magazine* に掲載された私の論稿「私の祖先、私自身」から取った。http://aeon.co/magazine/being-human/jonathan-marks-neanderthalgenomics/.

（17） Gruber, J. W. 1948. "The Neanderthal Controversy: 19th-century Version." *Scientific Monthly* 67:436–39. Sommer, M. 2008. "The Neandertals." In *Icons of Evolution*, ed. Brian Regal. Westport, CT: Greenwood, pp. 139–66.

（18） 先導的な英国の生物学者が、表面上は歴史以前について書いたものに次の言葉がある。「鉱物資源の開発に熱心な移住者の小さな群れが野蛮な国に押し入り、その武器あるいは技術及び知識の優越性を利点として地方の人々を支配して彼らのために働かせることができるとき、異人の文明、その実践、その習慣と信条の特徴は、大きな奴隷的集団の上に押印され得る」。Smith, Grafton Elliot. 1917. "The Origin of the Pre-Columbian Civilization of America." *Science* 45:246.

（19） Lubbock. J. 1865. *Pre-historic Times.* London: Williams and Norgate.

（20） Davenport, C. B. 1928. "Race Crossing in Jamaica." *Scientific Monthly* 27:225–38. Provine, W. B. 1973. "Geneticists and the Biology of Race Crossing." *Science* 182:790–96.

（21） Gates, R. R. 1947. "Specific and Racial Characters in Human Evolution." *American Journal of Physical Anthropology* 5:221–24. Coon, C. S. 1962. *The Origin of Races*. New York: Knopf. Jackson, J. P., Jr. 2005. *Science for Segregation.* New York: NYU Press.

（22） Moser, S. 1992. "The Visual Language of Archaeology: A Case Study of the Neanderthals." *Antiquity* 66:831–44. Solecki, R. S.

1971. *Shanidar: The First Flower Children*. New York: Knopf. Defleur, A., T. White, P. Valensi, L. Slimak, and E. Crégut-Bonnoure. 1999. "Neanderthal Cannibalism at Moula-Guercy, Ardèche, France." *Science* 286:128–31.

(23) Church, G., and E. Regis. 2012. *Regenesis: How Synthetic Biology Will Reinvent Nature and Ourselves*. New York: Basic Books, p. 148. http://www.spiegel.de/international/zeitgeist/george-church-explains-howdna-will-be-construction-material-of-the-future-a-877634.html. http://www.dailymail.co.uk/news/article-2265402/Adventurous-human-womanwanted-birth-Neanderthal-man-Harvard-professor.html.

(24) Cann, R. L., M. Stoneking, and A. C. Wilson. 1987. "Mitochondrial DNA and Human Evolution." *Nature* 325:31–36. Pääbo, S. 2014. *Neanderthal Man: In Search of Lost Genomes*. New York: Basic Books.〔スヴァンテ・ペーボ（著）／野中香方子（訳）『ネアンデルタール人は私たちと交配した』（文藝春秋、二〇一五）〕。

(25) Mueller, F. M. 1888. *Biographies of Words and the Home of the Aryas*. London: Longmans, Green, p. 120.

(26) Villa, P., and W. Roebroeks. 2014. "Neandertal Demise: An Archaeological Analysis of the Modern Human Superiority Complex." *PLoS ONE* 94: e96424. doi:10.1371/journal.pone.0096424

(27) Tocheri, M. W., C. M. Orr, S. G. Larson, T. Sutikna, E. W. Saptomo, R. A. Due, T. Djubiantono, M. J. Morwood, and W. L. Jungers. 2007. "The Primitive Wrist of *Homo floresiensis* and Its Implications for Hominin Evolution." *Science* 317:1743–45. Gordon, A. D., L. Nevell, and B. Wood. 2008. "The *Homo floresiensis* Cranium LB1.: Size, Scaling, and Early Homo Affinities." *Proceedings of the National Academy of Sciences* 105:4650–55. Jungers, W., W. Harcourt-Smith, R. Wunderlich, M. Tocheri, S. Larson, T. Sutikna, R. A. Due, and M. Morwood. 2009. "The Foot of *Homo floresiensis*." Nature 459:81–84. Morwood, M. J., and W. L. Jungers. 2009. "Conclusions: Implications of the Liang Bua Excavations for Hominin Evolution and Biogeography." *Journal of Human Evolution* 57:640–48. Eckhardt, R. B., M. Henneberg, A. S. Weller, and K. J. Hsü. 2014. "Rare Events in Earth History Include the LB1 Human Skeleton from Flores, Indonesia, as a Developmental Singularity, Not a Unique Taxon." *Proceedings of the National Academy of Sciences* 111:11961–966.

(28) Reich, D., R. E. Green, M. Kircher, J. Krause, N. Patterson, E. Y. Durand, B. Viola, A. W. Briggs, U. Stenzel, P. L. F. Johnson, et al. 2010. "Genetic History of an Archaic Hominin Group from Denisova Cave in Siberia." *Nature* 468:1053–60. The distinguished primate anatomist and wag Bob Martin calls them "Fingabonians."

(29) Reich, D., N. Patterson, M. Kircher, F. Delfi n, M. R. Nandineni, I. Pugach, A. M.-S. Ko, Y.-C. Ko, T. A. Jinam, M. E. Phipps, et al. 2013. "Denisova Admixture and the First Modern Human Dispersals into Southeast Asia and Oceania." *American Journal of Human Genetics* 89:516–28.

(30) Prüfer, K., F. Racimo, N. Patterson, F. Jay, S. Sankararaman, S. Sawyer, A. Heinze, G. Renaud, P. H. Sudmant, C. de Filippo,

et al. 2014. "The Complete Genome Sequence of a Neanderthal from the Altai Mountains." *Nature* 505:43–49.
（31） Meyer, M., Q. Fu, A. Aximu-Petri, I. Glocke, B. Nickel, J.-L. Arsuaga, I. Martínez, A. Gracia, J. M. B. de Castro, and E. Carbonell. 2013. "A Mitochondrial Genome Sequence of a Hominin from Sima de los Huesos." *Nature* 505:403–6.
（32） Huerta-Sánchez, E., X. Jin, Z. Bianba, B. M. Peter, N. Vinckenbosch, Y. Liang, X. Yi, M. He, M. Somel, and P. Ni. 2014. "Altitude Adaptation in Tibetans Caused by Introgression of Denisovan-Like DNA." *Nature* 512:194–97.
（33） Cavalli-Sforza, L. L., A. Piazza, P. Menozzi, and J. Mountain. 1988. "Reconstruction of Human Evolution: Bringing Together Genetic, Archaeological, and Linguistic Data." *Proceedings of the National Academy of Sciences, USA*, 85:6002–6.
（34） Sneath, P. H. A. 1975. "Cladistic Representation of Reticulate Evolution." *Systematic Zoology* 243:360–68. Legendre, P. 2000. "Reticulate Evolution: From Bacteria to Philosopher." *Classification* 17:153–57. Arnold, M. 2009. *Reticulate Evolution and Humans: Origins and Ecology*. New York: Oxford University Press.
（35） Shoumatoff, A. 1985. *The Mountain of Names*. New York: Simon & Schuster. Cann, R. L. 1988. "DNA and Human Origins." *Annual Review of Anthropology* 17:127–43.
（36） Ralph, P., and G. Coop. 2013. "The Geography of Recent Genetic Ancestry across Europe." *PLoS Biol* 11: e1001555.
（37） Rohde, D. L. T., S. Olson, and J. T. Chang. 2004. "Modelling the Recent Common Ancestry of All Living Humans." *Nature* 431:562–66.
（38） たとえば平衡化選択、あるいはヘテロ接合体の優位性の利点から生じてくる太古の多形性による。Gokcumen, O., Q. Zhu, L. C. Mulder, R. C. Iskow, C. Austermann, C. D. Scharer, T. Raj, J. M. Boss, S. Sunyaev, and A. Price. 2013. "Balancing Selection on a Regulatory Region Exhibiting Ancient Variation That Predates Human–Neandertal Divergence." *PLoS Genetics* 94: e1003404.
（39） Holtzman, N. 1999. "Are Genetic Tests Adequately Regulated?" *Science* 286:409.
（40） Bryan, W. J. 1922. "God and Evolution." *New York Times*, 26 February.
（41） Dawkins, R. 1976. *The Selfish Gene*. New York: Oxford University Press. 〔リチャード・ドーキンス（著）／日高敏隆ほか（訳）『利己的な遺伝子（増補新装版）』（紀伊國屋書店、二〇〇六）〕。Buss, D. 1994. *The Evolution of Desire*. New York: Basic Books. 〔デヴィッド・M・バス（著）／狩野秀之（訳）『女と男のだましあい――ヒトの性行動の進化』（草思社、二〇〇〇）〕。Wrangham, R., and D. Peterson. 1996. *Demonic Males: Apes and the Origins of Human Violence*. Boston: Houghton Mifflin. 〔リチャード・ランガム、デイル・ピーターソン（著）／山下篤子（訳）『男の凶暴性はどこからきたか』（三田出版会、一九九八）〕。Thornhill, R., and C. T. Palmer. 2001. *A Natural History of Rape: Biological Bases of Sexual Coercion*. Cambridge, MA: MIT Press. 〔ランディ・ソーンヒル、クレイグ・パーマー（著）／望月弘子（訳）『人はなぜレイプするのか――進化生物学が解き明かす』（青灯社、二〇〇六）〕。Wade, N. 2014. *A Troublesome Inheritance: Genes, Race and Human History*. New York: Penguin. 〔ニコラス・ウェイド（著）／山形浩生、守岡

桜（訳）『人類のやっかいな遺産――遺伝子、人種、進化の歴史』（晶文社、二〇一六）〕

（42） 特に法外な一例としては、以下を参照。Cochran, G., and H. Harpending. 2009. *The 10,000 Year Explosion: How Civilization Accelerated Human Evolution*. New York: Basic Books.〔グレゴリー・コクラン、ヘンリー・ハーペンディング（著）／古川奈々子（訳）『一万年の進化爆発――文明が進化を加速した』（日経ＢＰ社、二〇一〇）〕。

（43） Ingram, C. J. E., C. A. Mulcare, Y. Itan, M. G. Thomas, and D. M. Swallow. 2009. "Lactose Digestion and the Evolutionary Genetics of Lactase Persistence." *Human Genetics* 124:579–91. Curry, A. 2013. "The Milk Revolution." *Nature* 500:20–22.

（44） Richardson, S. S. 2011. "Race and IQ in the Postgenomic Age: The Microcephaly Case." *BioSocieties* 6:420–46.

（45） Dobzhansky, T., and M. Montagu. 1947. "Natural Selection and the Mental Capacities of Mankind." *Science* 105:587–90. Lasker, G. 1969. "Human Biological Adaptability." Science 166:1480–86. Gluckman, P. D., M. A. Hanson, and H. G. Spencer. 2005. "Predictive Adaptive Responses and Human Evolution." *Trends in Ecology and Evolution* 20:527–33. Kuzawa, C. W., and J. M. Bragg. 2012. "Plasticity in Human Life History Strategy: Implications for Contemporary Human Variation and the Evolution of Genus *Homo*." *Current Anthropology* 53: S369-S382.

（46） Potts, R. 1996. *Humanity's Descent*. New York: William Morrow.

（47） Lahr, M. M., and R. A. Foley. 1998. "Towards a Theory of Modern Human Origins: Geography, Demography, and Diversity in Recent Human Evolution." *Yearbook of Physical Anthropology* 41:137–76. Goldstein, D. B., and L. Chikhi. 2002. "Human Migrations and Population Structure: What We Know and Why It Matters." *Annual Review of Genomics and Human Genetics* 3:129–52.

訳者あとがき

マークスの前著『98%チンパンジー——分子人類学から見た現代遺伝学』（青土社、二〇〇四年）を翻訳したときは、DNAの塩基配列の研究が多くの種（ことに人間と類縁の近い哺乳類も含む）で着実に成果を上げ、自信に満ちていた絶頂期だった。ウィキペディアの記述によれば、ヒトゲノム計画（HGP）の起点は一九五三年の二重らせんモデルの提示にあり、完了はその五〇年後（二〇〇三年）の米英両国首脳（および実質的な推進者の一人だったクレイグ・ヴェンター）による簡潔な宣言であり、手打ち式だった（この要約は学術的な権威あるものではないとしても、世間一般に拡散し定着している「科学」として手頃な捉え方だろう）。その著作は、ヒトゲノム計画の勝利の行進と見える成り行きに対する批判を一つの中心主題にしており、訳書の副題を「分子人類学から見た現代遺伝学」としたのも的外れではなかったと思う。ただ再読してみて、あまりに輪郭鮮明なものとしてだけ、あの本を捉えすぎていたという読みの浅さも、訳者としてしきりに反省させられた。

反省ということの一つの具体例は以下のようなことだ。原著に引き続いて刊行されたペーパーバック版への追記の中で、ある生化学者はこの本の表題を評して、「DNAの塩基の挿入や欠失なども考慮するとチンパンジーと人との重なりは98%ではなく95%である」と言った。マークスはこのことと関連して、「問題は数値がどうだということではなく、ゲノムの突然変異過程の多様さからして、両者の間でこれという一つの数値を算出することなどそもそもできない」といわば指摘の無意味さ、幼稚さを切って捨てていた。これは大いに納得のゆくことで、なぜならDNAの遺伝情報は、その一部がマスター情報として他の遺伝子の情報発現を制御するという形で、二重、ときには三重の情報のネットワークとして複雑な発現制御をしているので、単に何パーセントの一致というのは、種間の近縁度の目安になるとは限らないこともあるという理解も進みつつあったからだ。

しかし、こうした分子情報装置としての理解の細部は、実はその本の目的でもなく、再読してみれば、それほど綿密に語られていたわけでもない。第1章「分子人類学」にヒトとオランウータンのDNA配列のごく一部分が並んでいることから、どの大学教科書にも出てくる解説をつい補強すると、こういう月並みな解説になる。分子進化学の先端研究者だったヴィンセント・サリッチが、一九九〇年代に次のように述懐しているのと同じ時代の毒気に当てられた結果だった。「分子の全能というのを少しばかり取ってきて、古生物学者への軽蔑を混ぜ合わせると、そこに二五年前の私がいた」。

マークスは、DNA配列との付き合いはけっこう深いが、時代の毒気に当てられることのなかった本流の人類学者であり続けた。二〇〇二年に書いた評論「分子人類学とは何か？　何ができるのか？」でもその方向性は明確だった。それ以後の研究と学問的思想については、短い緒言に簡潔に述べてある。ことに『なぜ私は科学者ではないのか？』（二〇一一年）では、得意とする反語的な言い方も交えて主張を展開するが、それらも思想の転回ではなく、追求の発展の結果であり、本質的な主題の多くは（たとえば血統とアイデンティティ、通俗遺伝観とそこに通底する人種主義、優生学、創造論の主張など）、『98％チンパンジー』で既に取り上げた事柄を新展開したものだ。すでに勝負がついたとみなして過去のものと扱っている例もあるが――ヒトゲノム多様性計画（HGDP）については、「最初は懐疑的だったが、それは敵意に変わった。……良い着想を台無しにして、後片づけを他人に押しつけた科学者が墜ちて永遠に過ごす地獄の特別区があるとしたら、そこにはHGDPの熱烈な支持者たちが見出されるだろう」と痛烈に批判する――。これも著者の立場が変わったのではなく相手の研究姿勢のせいであるという自信に満ちていた。

そういう一貫した立場のもとで展開された今回の著書の基本テーマは「我々が誰であり、どこから来たのかについての我々自身の把握」ということだが、その基本姿勢は「我々が自然的な進化過程の産物であり、しかしまた我々は、理解しようとしているものから分離していないということの正当な評価」から始まるという。だから計画は必然的に、自分で自分を見るということで、科学的に再帰的（reflexive）である。祖先は類人猿であったが、いま我々は彼らと異なっている。我々はどうやってそれが起こってきたかを知りたいのである。つまり我々の基本規定は、自分を理解しようと試みている生物文化的な脱＝類人猿（bio-cultural ex-apes）ということになる（bio-cultural の訳語には原則として「生＝文化的」を当てた）。

なおここで「科学的」というとき――再帰的という姿勢と関係の深いことだが――「近代科学を特徴づける主体と対象の間の区別立て」を取り払う必要があることに留意しなければならない。これは「生・文化（bio, cultural）」の相互乗り入れが類人猿からの「脱出（ex-）」と密接に連携していることを意味しており、第7章の図2を例として、お得意の皮肉を効かせ、NASAの「宇宙技術者オタク」が考案の末、太陽系外に送り出した「ポルノ画像」が、彼らの心づもりとは裏腹に「文化」に満ちたものであることを、明快に、愉快に指摘している。

あと一つ、これもまた「科学的」というこだわりと関係も大きく、本書でも折りに触れて指摘されているものとして、架空または実体の確実でない事柄の「具体化、実体化（reification）」がある。第7章の図3の例では「デニソワ人」というのは、実はシベリアのアルタイ山脈麓の洞窟で発見された古代人の臼歯と指の骨一本であり、それが「デニソワ人」という個体群として実体化され、同じ寒冷地で化石遺骨の実物として分かっている「ネアンデルタール人」との関係がどうだったかということが、何ページもの論文で熱心に論じられているが、マークスは「これは分岐論的、分類学的な枠組みの中では、意味をなすことはきわめて困難である」と、容赦ない裁定を下している。まともに考えてみれば、どういう暮らし方をしていたか見当もつかない「人物」の指の骨一本を、「デニソワ人」個体群の代表に仕立てて、実体のはっきりした特定のネアンデルタール人と対峙させるのは、遺伝子還元主義にのめり込んだお手本というべきで手法で、マークスの言い分以外の判定は考えにくいだろう。

本書全体の締めくくりは、最後の第7章の末尾に具体的に見られるが、一見混沌としているこの最終章で目立つのは、人類が「類人猿」から脱出して、いまや全体の遺伝子プールの中で無数の祖先と繋がっていることを「再帰的」に自覚できるようになり、血統による身分の違いなどは後景に退いてきたことを、マークスが特記していることだ。本書の出発点への、否定的な回帰である。

マークスの才筆は読み応え十分な一方で、米国の一般読者を相手としている感じなので、随所で訳者の補註も加え、これらは見開きページの左端に「＊」で追加し、また短い追加的な註記は本文中に〔 〕で割り込ませた。ウィットに富む言い方などで、正直なところ頭をひねる場合もあった。読者からの指摘も得て訂正に努めたい。青土社の足立朋也さんには遅れがちな作業の進行や、面倒だった原註の整理などにも一貫して当たっていただいたことに、お礼を申し上げたい。

訳者

二〇一六年一〇月

ま行

マーロウ Christopher Marlowe 73
マイア Ernst Mayr 108, 131
マラー Hermann Muller 67
ミューラー Max Mueller 204
メンデル Gregor Mendel 49-51
モートン Samuel George Morton 151
モンタギュー Ashley Montagu 97

ら行

ライエル Charles Lyell 52-53
ラックス Henrietta Lacks 74-75
ラプージュ Georges Vacher de Lapouge 67
ラフリン Harry Laughlin 72
ラマルク Jean-Baptiste Lamarck 56
リンディー Susan Lindee 101
リンネ Carl Linnaeus 32, 57, 193-195
ルウォンティン Richard Lewontin 109, 196
ルーズベルト Franklin Roosevelt 72
レヴィ＝ストロース Claude Lévi-Strauss 112, 177
ロンドン Jack London 201

わ行

ワイデンライヒ Franz Weidenreich 106
ワイナー Joseph Weiner 39
ワシントン George Washington 98
ワディントン Conrad Waddington 109-111
ワトソン James Watson 26, 29, 49

Spinoza　42
スペンサー Herbert Spencer　79, 87, 133
ソウヤー Robert J. Sawyer　201
ソラス William J. Sollas　67

た行

ダーウィン Charles Darwin　31-32, 36, 42, 49, 52, 56, 61, 63-66, 78-80, 86-90, 103, 112, 130-131, 134, 137, 167, 181-182, 184, 205, 215
ダーウィン Erasmus Darwin　56
ダイアモンド Jared Diamond　143
ダグラス Kirk Douglas　97
ドーキンス Richard Dawkins　90, 108
ドブジャンスキー Theodosius Dobzhansky　130
トルーマン Harry S. Truman　47

な行

ニュートン Isaac Newton　28, 42, 48, 50-51, 147
ネルキン Dorothy Nelkin　101
ノット Josiah Nott　21

は行

ハーディ Sarah Hrdy　180
ハーバー Fritz Haber　72
パール Raymond Pearl　38, 67
パウルス3世 Pope Paul III　201
ハクスリー Julian Huxley　194
ハクスリー Thomas Huxley　36, 138-139, 143
パネット Reginald C. Punnett　23
ハリス Frederick Hulse　106
ヒトラー Adolf Hitler　93
ヒューム David Hume　42
ビュフォン Count de Buffon　52-53, 136
ファインマン Richard Feynman　55
フートン Earnest Hooton　37-38, 106, 139
ブライアン William Jennings Bryan　61, 215
ブラント Karl Brandt　72
ブリッジズ Calvin Bridges　50
フレイザー James Frazer　43, 61, 186
フロイト Sigmund Freud　172
プロクター Robert Proctor　199
ペイン Thomas Paine　20
ベーコン Francis Bacon　41, 73-74
ヘストン Charlton Heston　48
ヘッケル Ernst Haeckel　61, 66-67
ベネディクト Ruth Benedict　34, 50
ヘリチカ Aleš Hrdlička　36-37, 151
ボアズ Franz Boas　36-38, 151
ホーキング Stephen Hawking　55
ポーリング Linus Pauling　49
ホッブス Thomas Hobbes　127, 200
ボネ Charles Bonnet　54
ポパー Karl Popper　40, 53
ホワイト Andrew Dickson White　50-51

人名索引

あ行

アインシュタイン Albert Einstein 28, 34, 72
アウル Jean Auel 201
アヤラ Francisco Ayala 133
アリストテレス Aristotle 79-81, 87, 150
ヴァイスマン August Weismann 119
ヴィーコ Giambattista Vico 127
ウィリアムズ George C. Williams 108
ウェッジウッド Emma Wedgwood 167, 184
ウォッシュバーン Sherwood Washburn 38, 152
ウォルポフ Milford Wolpoff 199
ウォレス Alfred Russel Wallace 49
エルドリッジ Niles Eldredge 94
オッペンハイマー J. Robert Oppenheimer 72

か行

カスパリ Rachel Caspari 199
カトルファージュ Armand de Quatrefages 36
ガリレオ Galileo Galilei 50, 54
カンメラー Paul Kammerer 119
グールド Stephen Jay Gould 88, 93-94, 109,
クーン Carleton Coon 202
クライトン Michael Crichton 73
クラックホーン Clyde Kluckhohn 124
グラント Madison Grant 22
クリック Francis Crick 49
クロッグマン Wilton Krogman 153
ゲイツ Reginald R. Ruggles Gates 202
ゴールディング William Golding 201
ゴビノー Arthur de Gobineau 20-21, 25
コペルニクス Nicolaus Copernicus 54

さ行

サマーズ Larry Summers 216
サムナー William Graham Sumner 67
シェイクスピア William Shakespeare 119
ジェファソン Thomas Jefferson 48
シェリー Mary Shelley 73
ジャコブ François Jacob 83, 112
シュトラウス David Friedrich Strauss 61
ショー George Bernard Shaw 63
ジョーンズ January Jones 169
シンプソン George Gaylord Simpson 138-140, 144
スノー C. P. Snow 11, 22
スピノザ Baruch (Benedictus)

元サルの物語　科学は人類の進化をいかに考えてきたのか

2016年11月　1日　第1刷印刷
2016年11月11日　第1刷発行

著者　ジョナサン・マークス
訳者　長野敬＋長野郁

発行者　清水一人
発行所　青土社
東京都千代田区神田神保町1-29　市瀬ビル　〒101-0051
電話　03-3291-9831（編集）　03-3294-7829（営業）
振替　00190-7-192955

印刷所　ディグ（本文）
方英社（カバー・表紙・扉）
製本所　小泉製本

装幀　岡 孝治
Cover photo：©Stylone/shutterstock

ISBN978-4-7917-6955-1　Printed in Japan